"集成电路设计与集成系统"丛书

数字集成电路测试及可测性设计

张晓旭 张永锋 山丹 编著

Digital Integrated Circuit Testing
and Testability Design

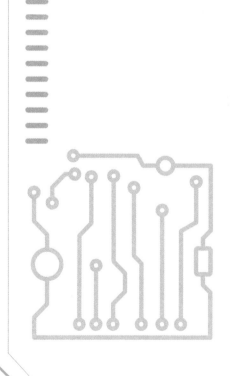

U0201696

化学工业出版社

·北京·

内容简介

本书从数字集成电路测试与可测性设计的基本概念出发，系统介绍了数字集成电路测试的概念、原理及方法。主要内容包括：数字集成电路测试基础、测试向量生成、可测性设计与扫描测试、边界扫描测试、内建自测试、存储器测试，以及可测性设计案例及分析。

本书将理论与实践相融合，深入浅出地进行理论讲解，并辅以实例解析，帮助读者从入门级别的理解到信手拈来的精通，实现从理论知识到工程应用的有效过渡。

本书可作为高等院校集成电路设计与集成系统等专业的教材，也可供集成电路及相关行业的工程技术人员参考。

图书在版编目（CIP）数据

数字集成电路测试及可测性设计 / 张晓旭，张永锋，山丹编著． -- 北京：化学工业出版社，2024．9．
（"集成电路设计与集成系统"丛书）． -- ISBN 978-7
-122-46553-5

Ⅰ．TN431.207

中国国家版本馆CIP数据核字第2024Y56M15号

责任编辑：贾　娜　毛振威　　　　装帧设计：史利平
责任校对：王　静

出版发行：化学工业出版社
　　　　　（北京市东城区青年湖南街13号　邮政编码100011）
印　　装：河北京平诚乾印刷有限公司
787mm×1092mm　1/16　印张12½　字数304千字
2024年11月北京第1版第1次印刷

购书咨询：010-64518888　　　　　售后服务：010-64518899
网　　址：http://www.cip.com.cn
凡购买本书，如有缺损质量问题，本社销售中心负责调换。

定　　价：79.00元　　　　　　　　　　版权所有　违者必究

集成电路已经成为国家战略层面的基础性和先导性产业，是最受关注的高科技产业之一。测试是集成电路产业链中重要的一环，贯穿于从产品设计开始到完成加工的全过程。设计过程中，集成电路的可测试性设计技术成为非常关键的因素，不具备可测试性的设计如同纸上谈兵，将无法实现最终的量产。近年来，随着集成电路设计和制造工艺的发展，集成电路的集成度不断增高，集成电路的测试挑战度也在不断提升。而国内关于集成电路测试的书籍较少，尤其是实践应用类的更是凤毛麟角。基于此，我们编写了本书。

本书从数字集成电路测试与可测试性设计的基本概念出发，系统介绍了数字集成电路测试的概念、原理及方法。各章先讲解测试的理论知识，再通过实例解析，阐述测试技术在实际电路中的应用。

第1章绪论，以电路测试的意义为切入点，介绍了集成电路测试的重要性、数字集成电路测试的分类、目前数字集成电路测试中遇到的问题以及基本测试方法，为后续内容做铺垫。

第2章数字集成电路测试基础，主要介绍数字集成电路测试过程中容易混淆的三大概念——缺陷、错误与故障。重点介绍了单固定故障。基于单固定故障，针对二选一数据选择器电路，通过真值表推导的方式，分析指定故障的测试向量。通过规律总结，引出故障等效定理、故障支配定理，运用两大定理，解决最小故障集精简问题，提高测试效率。讲解了多固定故障以及故障淹没的概念。

第3章测试向量生成，主要介绍了自动测试向量生成的几种方法，包括布尔差分法、路径敏化法等，针对路径敏化法，采用多个案例，帮助读者梳理思路，掌握路径敏化法的应用。随后又介绍了随机测试向量生成技术，重点介绍应用较广的伪随机测试向量生成技术，依然采用案例方式辅助读者消化吸收。本章还介绍了模拟的方法，通过逻辑模拟可确认功能正确性，通过故障模拟可确认电路的测试向量集。阐述了业界流行的测试向量集确定方法。

第4章可测性设计与扫描测试，主要介绍了可测性分析方法与时序电路测试中存在的问题。针对时序电路测试中可控制性差、可观测性差的问题，提出了扫描测试设计的方法。通过案例，详细介绍扫描路径如何设计、如何应用以及扫描测试中关于存储空间和测试时间的计算问题。讲解了使用EDA（电子设计自动化）工具进行扫描设计的流程。

第5章边界扫描测试，主要介绍了边界扫描基础及其结构，从访问测试端口、数据寄存器、指令寄存器、指令、TAP（测试存取通道）控制器及其操作、边界扫描链结构等方面，介绍边界扫描技术的应用，将扫描设计的方法从模块级扩展至芯片级、PCB（印制电路板）级和系统级。

第6章内建自测试，主要介绍了内建自测试的概念及类型，以及如何使用LFSR（线性反馈移位寄存器）电路自动生成测试向量。针对电路输出响应分析，可采用数"1"法、跳变计数法、奇偶校验法、签名分析法等方式对输出响应进行压缩，生成电路特征符号。讲解了不同类型的内建自测试结构。

第7章存储器测试，主要介绍了存储器的结构及故障模型。介绍了多种存储器测试算法，通过MATS+、MATS和March Y的案例讲解，帮助读者理解存储器测试算法的内容以及可测试故障。总结了存储器测试的电路结构与故障修复方法。

目前描述逻辑元件的主流符号包括形状特征型符号（ANSI / IEEE Std 91-1984）以及IEC矩形国标符号（IEC 60617-12）。因IEEE形状特征型符号为行业内惯用符号，因此书中沿用IEEE形状特征型符号描述逻辑元件。读者如需映射到国标符号，请参考下表。

各类逻辑元件符号对照表

门电路	矩形国标符号（IEC）	形状特征型符号（IEEE）	逻辑表达式
非门（NOT）	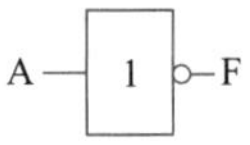 A — 1 ⊙ — F	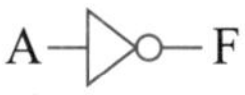 A — ▷⊙ — F	$F = \overline{A}$
与门（AND）	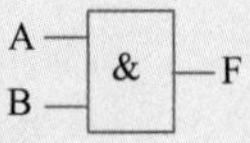 A B — & — F	 A B — ⊐ — F	$F = AB$
或门（OR）	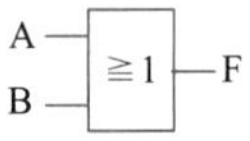 A B — ≧1 — F	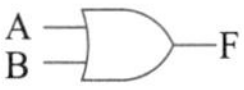 A B — ⊐ — F	$F = A + B$
与非门（NAND）	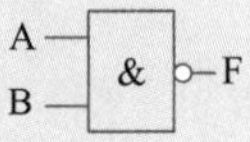 A B — & ⊙ — F	 A B — ⊐⊙ — F	$F = \overline{AB}$
或非门（NOR）	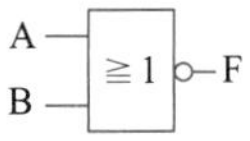 A B — ≧1 ⊙ — F	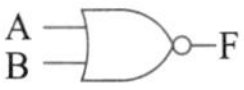 A B — ⊐⊙ — F	$F = \overline{A + B}$
异或门（XOR）	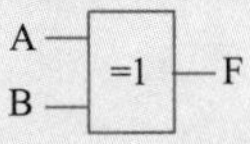 A B — =1 — F	 A B — ⊐ — F	$F = A \oplus B$
同或门（XNOR）	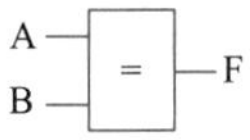 A B — = — F	 A B — ⊐⊙ — F	$F = A \odot B$

本书将理论与实践相融合，深入浅出地进行讲解，并辅以实例解析，帮助读者从入门级别的理解到信手拈来的精通，实现从理论知识到工程应用的有效过渡。本书可以作为数字集成电路测试与可测性设计的入门书籍，也可以作为高校相关专业学生的教材。

本书由张晓旭、张永锋、山丹编著，特别感谢杭州士兰集成电路有限公司提供了行业前沿发展情况和应用实例。

由于笔者水平所限，书中不足之处在所难免，敬请广大读者批评指正。

编著者

目录

第 7 章 存储器测试 ·· 161

本 书 内 容

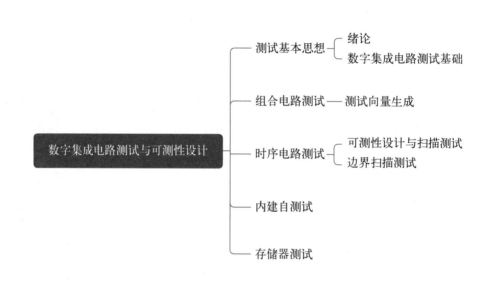

数字集成电路测试与可测性设计
├─ 测试基本思想 ┬ 绪论
│   └ 数字集成电路测试基础
├─ 组合电路测试 ─ 测试向量生成
├─ 时序电路测试 ┬ 可测性设计与扫描测试
│   └ 边界扫描测试
├─ 内建自测试
└─ 存储器测试

第 1 章

绪论

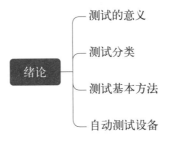

绪论
- 测试的意义
- 测试分类
- 测试基本方法
- 自动测试设备

1.1 电路测试的意义

　　"考试"这个词相信大家都很熟悉，并且我们也可以称为身经百战的"战士"了。每一门课程都有对应的考试范围，也就是课程大纲。为了确认学生是否真的掌握对应的知识点，课程组会探讨各种考核办法，设计试卷，确保能够通过考试了解学生对知识点的掌握程度。当然，这种考试方式的质量取决于试题对知识点的覆盖程度，考试结果可以用图1-1来表示。通过图片可以看出，知识点复习充分的学生，有非常高的概率通过考试，复习不充分的学生，则有非常高的概率通不过考试。但从图中也能发现，部分复习充分的学生因为发挥失常，并没有通过考试；反而有部分复习不充分的学生，因为试卷知识点覆盖率低的原因，通过了考试；但这些现象的发生，都是小概率事件。

　　之所以将考试结果作为检验知识点掌握与否的标准，是因为试题是精心设计的。课程组老师会做出一些假设，这些假设通常是基于学生容易犯的典型错误。设计试题的目的就是揭示这些错误。如果学生作答正确，老师将根据试题隐含的错误模型的可信度来评价学生对知

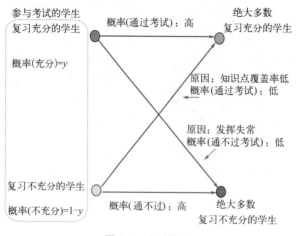

图1-1　考试结果

识点的掌握情况。因此试题所隐含的错误模型的可信度非常重要。当可信度无限接近100%时，考试的意义就凸显出来了。

对于集成电路而言，设计完成以后的"考试"，即测试，也是非常重要的一个环节。尽管大部分的设计问题已经在电路设计过程中通过EDA（电子设计自动化）软件解决，但是，不同层次上的测试和测试方法的研究仍然是测试者的重要工作内容。测试如同考试，主要是指检测出在生产过程中的缺陷，并挑出废品的过程。目的是检查电路设计和制造的正确与否，确保制造后的芯片功能及性能符合设计者的要求。

随着集成电路复杂程度的不断提高和尺寸的日益缩小，集成电路测试已成为迫切需要解决的问题。近年来，通过集成各种IP（知识产权）核、SoC（片上系统）实现，集成电路的功能变得更加强大与丰富，但同时也带来了一系列设计以及测试问题。例如，来自计算机、RF（射频）器件、消费电子产品和互联网基础设施市场的需求，迫使集成电路厂家必须提供完整的解决方案，其中就包括解决测试系统在性能以及测试效率方面的问题。

要保证集成电路产品无缺陷，不仅涉及测试技术、测试装置，还涉及电路和系统的设计、模拟和验证、制造等多个过程，其复杂性和难点可归结为以下几点。

① 速度、功能和性能更高的电路与系统要求与之匹配的自动测试设备（ATE，automatic test equipment），导致测试设备投资成本提高，测试成本随之提高。测试成为VLSI（超大规模集成电路）设计、测试和制造环节中费用最高和难度最大的一个环节。测试成本增加的因素主要有两个：测试设备投资的提高和器件平均测试时间的增多。国际器件与系统路线图（IRDS，International Roadmap for Devices and Systems）的研究表明，目前芯片成本降低的方法主要是通过缩小多晶硅间距、金属互连间距和电路单元的高度。

② 电路与系统的速度、性能和复杂程度的日益提高，导致测试数据量随之剧增，测试时间越来越长，因而测试成本也随之剧增。为了适应测试技术发展的需求，生产ATE的各公司不断推出性能更高的测试设备，例如，惠瑞捷（Verigy）公司推出 Agilent 93000 系列测试仪、泰瑞达（Teradyne）推出 Tiger 系列测试仪，二者的每个测试引脚均配置处理器，可按需要灵活设置测试激励信号，以适应SoC测试的需要，但芯片的I/O（输入/输出）数目有限，自动测试设备的通道量、吞吐能力和速度也有限，使得测试难度和复杂程度大大加剧。测试时间成为SoC设计需要考虑的重要因素。

③ 电路与系统的I/O、速度和测试时间的增加，测试功耗、ATE带宽等也成为重要影响因素，对器件的可靠性和测试质量提出更高的要求。VLSI测试功耗主要由两部分组成，一部分是内部功耗，一部分是I/O功耗。据研究，电路测试时内部功耗是正常功耗的2～4倍，分析和降低这部分测试功耗成为测试的一个研究热点。即使对于低功耗设计的IC，典型的I/O功耗也占到总功耗的50%左右，因此降低ATE测试数据线的转换次数也成为要解决的问题。

④ 新产品竞争激烈程度的加剧及其存活周期的缩短，产品的上市时间（time-to-market）对测试开发时间的要求更为苛刻。随着技术的快速发展和市场竞争的加剧，产品市场寿命相对于开发周期变得越来越短，测试对产品的上市时间、开发周期的影响将会越来越大，测试开发时间已成为测试经济学研究的重要内容。

⑤ 测试已成为制约VLSI，特别是SoC设计和应用的一个关键因素。SoC可以采用IP模块设计，核心问题是核复用带来的核测试复用问题。对于多方提供的嵌入式核的可测性设计，目前缺乏统一标准，核集成时就难以自动检测每一个核的可测性，所以必须对复用核进行测试设计，其费用大约要占SoC总设计成本的三分之一以上。

SoC测试另外的难题是测试对象更为庞杂，涉及工艺不同和功能不同的多个模块或核，例如逻辑核、存储器核、模拟模块、RF模块等，而且系统的单元数目庞大，如表1-1所示，列出了典型的SoC的晶体管数目。因此SoC的测试不但要考虑系统的测试方法，还必须结合单核的测试方法、核测试存取、核隔离和核测试控制等，也要考虑测试向量的质量和数量。

表1-1　典型SoC的晶体管数量

器件类型		晶体管数量/百万个		
		130nm	90nm	65nm
高频逻辑部分	逻辑	4.7	7.1	10.9
	存储器	8.6	19.5	43.3
低频逻辑部分	逻辑	6.8	10.3	15.7
	存储器	19.6	42.5	89.9
总计		39.7	79.4	159.8

技术和经济的因素导致传统的模拟、验证和测试方法难以全面验证设计与产品制造的正确性，因此在设计和测试方面就应该有新的思想方法，设计出容易测试的电路。新的设计思想是在设计一开始就考虑测试问题，在设计前端就解决棘手的测试问题，即可测性设计（DFT，design for testability）。可测性设计可以有效地解决或减轻复杂的测试问题，典型的DFT包括扫描/边界扫描设计和内建自测试（BIST，built-in self-test）。采用扫描/边界扫描结构，可通过少量的I/O进行测试施加和测试响应分析，突出问题是扫描电路的附加面积、扫描深度、测试时间和测试功耗，而且因为抗随机向量故障导致测试向量相当长。另外，伪随机测试中常用的是固定故障模型，对于CMOS（互补金属氧化物半导体）深亚微米技术中的缺陷，还需要延迟、桥接、恒定开路等故障模型。基于扫描路径的测试和内建自测试面临的问题还有很多，包括测试时不断变化的向量使得测试功耗大大增加，既影响测试质量，又对电路的寿命有影响等。

总而言之，VLSI测试研究的目的就是力求在预期的测试质量前提下，以尽可能低的成本对产品进行测试。从技术的角度讲，预期的测试质量就是理想的故障覆盖率，测试对器件的性能影响小；尽可能低的成本就是测试数据量尽可能少、测试时间尽可能短、BIST电路硬件面积尽可能小。因此，理想的测试方法不仅是内建自测试设计硬件面积小、故障覆盖率高、对原型设计的性能没影响或影响最小，而且还应同时采取措施减小测试数据量、测试时间和测试功耗，这也是当前VLSI测试和可测性设计要解决的关键技术问题。

测试的目的是检查电路设计和制造得正确与否。为此，需建立一套规范的术语和检查分析方法，这也是电路测试研究的内容之一。

测试电路的一般过程是，先建立描述电路"好"或"坏"的模型，然后设计出能检验电路"好"或"坏"的测试数据，再把设计好的数据加在被检验的电路上；观察被检验电路的输出结果；最后分析与理想的结果是否一致。典型的集成电路测试环境如图1-2所示。

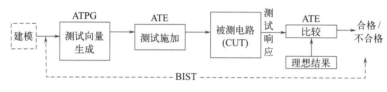

图1-2　测试环境

当前测试通常采用ATE进行测试。将被测电路（CUT，circuit under test）放在测试设备上，通过自动测试向量生成（ATPG，automatic test pattern generation）程序等产生测试向量，将测试向量作为输入信号（激励）施加到被测电路中，并观察电路输出信号（响应）。自动测试设备会自动地将被测电路的输出和期待结果进行比较，如果结果一致，则表示电路测试通过，否则表示不通过。正常情况下，测试通过的电路可视为合格电路，用于后续的生产制造，测试不通过的电路则视为不合格产品。这个过程与我们之前介绍的考试过程有异曲同工之妙。由此可见，试题对于知识点的覆盖情况或测试向量的正确性和完整性，直接决定了考试或测试的可靠性。该过程可总结为先电路建模，然后测试向量生成，再测试施加，接着测试响应分析，最后得出CUT测试通过与否。

随着集成电路集成度的提高，ATE的速度和处理能力均难以适应，所以测试向量的生成和施加、输出响应的比较等环节均可以由专门的硬件电路来完成。如果将这类硬件电路嵌入芯片内部，作为集成电路的一部分，就可以称之为内建自测试。

不仅在制造过程中，而且在电路设计、生产材料选择上，均需要测试，以确保器件性能符合规格要求。随着电子系统日益复杂和小型化，集成电路中晶体管的数量在不断增加，测试成本直逼设计成本。提高测试手段，不仅可以提高设计/验证等修改的效率，缩短设计周期，更是对提高产品的可靠性，提高生产效率和经济效益具有极其重要的意义。由于I/O端口数量并不随着电路集成度的提高而等比例增加，因此，采用过去传统的通过电路引脚来观察和控制芯片内部节点将变得更加困难。

集成电路测试是指导产品设计、生产和使用的重要依据，是提高产品质量和可靠性、进行全面质量管理的有效措施。如果一个电路没有通过测试，那原因可能有以下几种。

·测试方法本身存在问题；
·电路加工制造过程存在问题；
·设计不正确。

这些原因都有可能导致测试不通过。测试的意义就是检验整个设计、生产制造过程中哪个环节存在问题，并辅助诊断出问题，如何解决修复，确保最终电路的正确性和高品质。

这个问题可以结合学生考试来理解。如果全班学生考试都没通过，可能是老师教学质量的问题，或者是试卷的问题。这时候需要老师反思或确认试卷内容。如果只有部分同学没通过，那基本可以排除老师的问题，更多的是学生自身掌握的问题。为了促使学生顺利通过考试，老师可以采取各种教学方法，帮助学生掌握知识。同样，我们可以通过电路测试结果，排除测试方法本身的问题。在确保测试方法正确的情况下，通过提高设计验证质量，改进制造工艺等方法，提高电路测试通过率。测试通过率在数字集成电路中也称之为良率，指的是生产制造过程中可接受部分与所有加工部分的比值。

高质量的电路测试可以改进制造工艺，降低电路生产成本。在电子工业领域，存在一个普遍认同的观点——10倍准则。当从一个水平发展到下一个更高水平时，测试成本会增至10倍。比如，找到并修复一个PCB上的故障成本是丢弃该含有故障芯片的PCB成本的10倍；找到并修复一个多PCB系统中的故障成本是找到并修复一个故障电路板成本的10倍；在用户现场，找到并修复一个系统故障的成本是送货前找到并修复一个故障成本的10倍。这就意味着我们应该在设计流程中尽早检测出故障，以节约成本。不仅如此，在电路交付用户之前，将不合格电路筛除，还能提高顾客满意度，确保市场占有率。

1.2 电路测试的分类及基本方法

数字集成电路测试是通过测试探针向芯片I/O点输入测试向量，并观察输出响应加以比对，根据比对结果给出通过/不通过结果的过程。根据要求不同，可以进行不同的分类，并采取不同的测试方法。

1.2.1 电路测试分类

数字集成电路测试可以依据开发及生产制造阶段、测试目的的不同而分为验证测试（verification test）、特性测试（characterization test）、功能测试（functional test）、结构测试（structural test）、老化测试（burn-in test）、电参数测试（electrical parametric test）、生产测试（manufacturing test）、可接受测试（acceptance test）等。

■ （1）验证测试

验证测试的目的是检查设计和测试过程的正确性，费用昂贵。常见的方法有电子扫描显微镜测试、光离子检测缺陷、电子束测试、人工智能系统和重复性功能检测方法等。随着电路设计规模的日益扩大和可编程器件的广泛应用，基于可编程器件的CPLD（复杂可编程逻辑器件）/FPGA（现场可编程门阵列）仿真也成为数字集成电路一种重要的验证测试方法。

■ （2）特性测试

特性测试用于确定器件工作参数的范围。通常，被测电路是在最坏工作情况下进行测试，因为它比平均情况更容易评估，并且一旦通过此类测试的器件，理论上可以在其他任何条件下工作。一般需要选定样品电路做详细的测试分析，进而确定电路的工作条件。特性测试首先需要生成测试向量，按统计学规律选取足够多的样品电路，并对样品电路进行重复测试，最终将测试结果绘制成Shmoo图并加以分析。如图1-3所示，该图是根据供电电压-测试时间绘制的Shmoo图。*代表可接受数据，@代表不可接受数据。如果测试电路的测试结果落在*区，则代表电路可正常工作，如果测试结果落在@区，则代表电路无法正常工作。

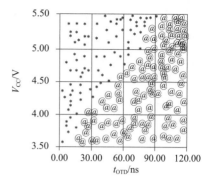

图1-3 Shmoo图

特性测试可以诊断和修正设计错误、测量芯片的特性、设定最终规范，并确定开发生产测试程序，还可以改进设计和工艺，提高良率。

■ （3）功能测试

功能测试也称行为测试，根据电路功能描述，采用适当的测试平台及测试脚本进行测试，确保电路功能如预期设计。功能测试注重电路自身动作的正确性。

■ （4）结构测试

结构测试是针对每一类故障模型生成故障覆盖率高的测试向量，然后测试被测电路中的每一个晶体管和每一根连线。它用来验证电路的内部拓扑关系，比如，验证一个给定的逻辑电路在制造完成后，所有的互连线都是完好的，所有的逻辑门的功能都是正确的，而不再拘泥于电路本身实现的功能。这一点与功能测试截然不同。结构测试的优点是适合算法实现，便于使用EDA工具进行开发，这是本书讨论的主要内容。

■ （5）老化测试

老化测试是对封装好的电路进行可靠性测试，主要是为了检出早期失效的电路。该时期失效的电路一般是在制造工艺中引起的缺陷，电路测试时并未检出。新电路投入使用的几周内，缺陷会显露出来，导致电路失效。随后的几十年内，电路失效率会保持在一个相对稳定的水平，最后由于热耗、超极限使用等原因，电路的失效率呈指数规律增加。失效率可通过浴盆（bathtub）曲线表示，如图1-4所示。

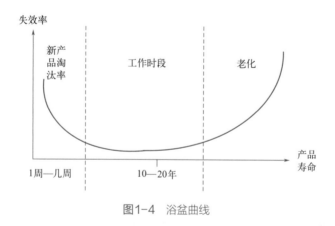

图1-4 浴盆曲线

■ （6）电参数测试

有些电路虽然通过了结构测试，但无驱动能力，这类电路仍被认为是有缺陷的电路。电参数测试能够有效确认此类问题。电参数测试确定被测电路引脚的电压、电流、延迟时间是否在可接受范围内，从而鉴别并分离出具有电气故障的电路。

电参数测试包括直流（DC，direct current）参数测试和交流（AC，alternating current）参数测试两大部分。

直流参数测试主要包括：

· 开路/短路测试（接触测试）；

· 输出驱动电流测试；

· 输出短路电流测试；

· 输入电流测试；

· 漏电流测试；

· 转换电平测试；

· 阈值测试。

交流参数测量主要包括：

· 传输延迟测试；

· 建立/保持时间测试；

· 上升/下降时间测试；

· 功能速度测试；

· 存取时间测试；

· 刷新等待时间测试。

■ （7）生产测试

生产测试是对所有电路进行故障测试和随机缺陷测试，以确定电路是否存在缺陷。虽没有特性测试全面，但必须由此判断电路是否符合设计的质量要求。要求测试向量具有较高的故障覆盖率，但不要求覆盖所有的功能和数据类型。要求测试时间短，短时间内做出通过/不通过的判断。生产测试是基于故障覆盖率、测试时间/成本、测试设备能力等多因素综合考量后制定的测试方案。特点是短时间内检验电路的相关指标，以合理的成本测试电路中每个器件及其连接，每个电路进行一次性检查，不重复。

■ （8）可接受测试

可接受测试也称成品检测，在将采购的芯片集成到系统之前，用户会对芯片进行测试。根据需求不同，用户可以采用特定应用系统进行比生产测试更全面的检测，或者进行抽样检测。可接受测试最重要的目的就是避免将有缺陷的电路芯片引入系统，产生更多的诊断成本。

1.2.2 电路测试基本方法

功能测试有多种分类方法。其测试涉及测试生成、测试施加和测试分析几个过程，因此测试也可按这些过程来分类。

按测试向量的生成方法来看，集成电路测试可分为穷举测试（exhaustive test）、伪穷举测试（pseudo-exhaustive test）、伪随机测试（pseudorandom test）和确定性测试（deterministic test）。

按测试向量的施加方式，测试可分为片外测试和片上测试。

按照测试向量施加的时间，测试可分为离线测试（off-line test）和在线测试（on-line test）。

按照测试电路的不同，测试可分为组合电路测试以及时序电路测试。本书主要基于门级电路，讨论不同电路的测试问题。

■ （1）组合电路测试方法

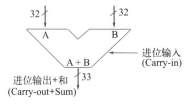

图1-5　32位全加器

如图1-5所示，该被测电路是一个32位的全加器电路，是一种典型的组合电路。该电路具有65个输入，33个输出。这里做一个假设，测试机的工作频率为1GHz，全加器的内部延迟为10ns，测试机获取测试向量被输入至被测电路需要3个测试周期，也就是3ns。获取被测电路的输出响应并与期待值比较，得出测试结果也需要3ns。那么，请思考，测试这样一个全加器需要耗时多久？

该被测电路具有65个输入，考虑将所有输入情况全部遍历，需要2^{65}个输入组合。每个测试向量执行的时间为"测试向量施加时间+电路内部延迟+输出响应分析时间"。因此，总测试时间为：

$$测试时间 = 2^{65} \times (3+10+3) = 2^{69}(\text{ns})$$

根据计算，这样一个被测电路需要约18718年才能实现输入的全部遍历，完成所有测试。这仅仅是一个常用的组合电路，我们日常生活中接触到的任何一个电路都比这个被测电路的规模大，集成度高。显然目前的这种测试方式是行不通的。

那么，所有的电路测试都需要输入组合全遍历吗？是否可以精简呢？答案是可以精简。我们可以将电路的缺陷提取成故障模型，并依据定理进行故障简化，精简出最小故障集。基于最小故障集采用并行故障模拟、自动测试向量生成等方法生成测试向量集，并进一步精简测试向量集。最终，测试工作者可以使用这个相对精简的测试向量集快速地测试被测电路，节约成本。这些内容将在后续章节中详细介绍。

■ （2）时序电路测试方法

组合电路尚且如此，若被测电路是时序电路，情况将会变得更糟糕，它们的测试比纯组合电路更复杂、更耗时。原因如下：

① 时序电路中包含多个内部存储器，在开始测试时内部存储器的状态未知，因此在开始测试时，需要将各个内部存储器状态初始化。棘手的是，内部存储器大多不与外部引脚连接，要控制各个内部存储器的状态非常困难。

② 内部存储器的输出也并不和外部引脚直接相连，想要观察内部存储器的状态，也相对困难。

每个存储器需要逐个控制、逐个观察。随着时序电路规模的增大，时序电路的测试时间将远远超过组合电路，而成为数字集成电路测试的难点。因此将引入可测性设计的方法，即修改原设计，引入附加电路和嵌入式测试结构，使得修改后的物理电路在测试时可测、可控，提高测试效率。可测性设计是电路设计的重要组成部分，必须从电路设计初始阶段就开始统筹考虑。在传统的设计优化中有三要素，即速度、面积和功耗，在现代集成电路设计理念中，将引入第四个要素，也就是可测性设计。这些内容将在后续章节中详细介绍。

1.3 自动测试设备

流片后测试的目标是要尽快并且尽可能多地同时在多个电路上执行电气故障测试。自动测试设备硬件一般含有一个仪器，该仪器能以极高的水平实现与工程实验室中相同的功能。测试中采用的此类仪器大致可分为以下几类。

■ （1）数字激励及测量设备

数字激励及测量仪器是向被测电路提供源数据测试向量，然后验证输出数据测试向量是否正确的仪器。一般来说，这类仪器使用大内存，最高可装载 64×10^6 个测试向量。激励数据接着被"格式化"，方法是使用上升沿或下降沿来定型数据位，上升沿或下降沿出现的具体次数与每一位数据周期的开始时间有关。最后，数据从具有可编程电压电平的缓存器中推入该电路。该电路产生的数据反过来再与位周期开始有关的特定点被具有可编程阈值的电压比较器及时接收、锁定，然后与存有测试向量的内存中的预期数据进行实时比较。数字仪器一般是根据所能达到的最大数据率、驱动器的测时精确度，比较观测器和硬件成本来划分的。通用数字仪器中每个仪器卡上一般有 $64 \sim 256$ 个数字信道，数据传输速率可达 1Gb/s，测试精确度低于 100ps。用于扫描测试或对成本敏感的低成本仪器运算速率一般可达每秒 $(100 \sim 200) \times 10^6$ 个测试向量，测试精确度约 1ns。针对高速 Serializer/Desserializer（串行器/解串器）接口应用所打造的专业数字仪器的运算速率可达每秒 10×10^9 个向量以上。

■ （2）DC仪器

DC 仪器指用于给被测电路供电的仪器，也是对例如嵌入式调压器等电源管理部件进行 DC 参数测试的仪器。所有 DC 候选仪器可供应电压并测量电流，部分候选仪器还可强制电流及测量电压。这些候选仪器一般会按功率容量、精确度、成本分成多个种类。极高密度 DC 卡可以有数百个信源信道/测量信道，它们的工作功率水平一般低于 1W。但是，用它测试大型处理器的极高功率信道时，可向被测电路提供高得多的功率水平。对高端服务器处理器而言，在执行扫描测试时产生数百瓦的功率并不罕见。

■ （3）AC仪器

AC仪器主要包括用于测试AC功能的任意波形发生器（AWG，arbitrary waveform generator）和波形数字化转换器。AC功能测试包括音频和视频性能测试，RF系统中频频率测试，模数转换器（ADC，analog to digital converter）和数模转换器（DAC，digital to analog converter）的线性测试，等等。这类仪器一般根据波形保真度（噪声级和失真度）和频率范围来划分。高端音频转换器可要求在 −20dB 范围内有 THD 和 SNR 级，而高分辨率 ADC 和 DAC 的线性测试则可要求数百万分之一（ppm）的精确度。

■ （4）RF仪器

从根本上说，RF仪器用于对混频器、低噪声放大器、使用调制/解调组件的设备（如手机或局域网收发器等）的RF组件实施连续波形（CW，continuous waveform）测试。一般来说，此类仪器可测量双向信号功率，用于得到散射参数（S参数），还可进行高保真波形调制和解调，以便测量数据星座图的精确度，以及利用嵌入式的数字类型数据对RF收发器进行端到端测试。RF仪器一般根据频率范围和波形保真度可分成多个较小种类。

图1-6 ATE实机图

图1-6为一台自动测试设备的实机图。同一般测试平台的仪器相比，自动测试设备的独特点在于仪器的引脚数、引脚密度以及准备和执行测量的速度。标准自动测试设备系统将在被称为"测试头"的插件箱中容纳数千个数字和模拟的引脚，以便执行多点测试。此外，由于所有测试装置需要靠近被测电路，因此要求具有非常谨慎的功耗和热量管理。大多数大型自动测试设备整合了一体化液冷系统，从而允许大量高密度通道插件被置于小于 $0.5 \sim 1m^2$ 的空间内。用于 SoC 测试的标配测试机中的仪器可在该空间内散热功率 $10 \sim 40kW$。

尽管标准实验室仪器是通过以太网、GPIB（通用接口总线）或 PCI（外设组件互连）等标准数据总线实现控制的，但自动测试设备系统采用了专有数据总线来尽量降低系统延迟。自动测试设备是用一个叫作"设备限制测试时间"的参数来衡量延时的，即测试机在执行测试程序以外所需的最少时间。例如，如果按每秒 10×10^6 个向量的速率执行一个扫描测试向量，执行 100000 个向量时，该测试向量所需的测试时间应为 10ms。如果测试机花费了 2ms 准备、启动测试并记录结果，则它增加了 20% 的开销。此外，如果该测试要在两个电路上并行完成并增加了 3ms 时间，则它已达到了一定水平的最大化的并行测试效率（PTE，parallel test efficiency）。

习题

1. 什么是集成电路测试？

2. 集成电路测试的意义何在？

3. 集成电路测试面临哪些问题？

4. 基本的集成电路测试环境包含哪些组件？

5. 测试的分类有哪些？

6. 不同类型的电路，测试方法有何不同？

7. 试调查各类电路测试方法，并对比其应用场景及优缺点。

8. 试调查组合电路测试的方法，并梳理其优缺点。

9. 试调查时序电路测试的方法，并分析其应用场景。

第**2**章

数字集成电路测试基础

▶▶ 思维导图

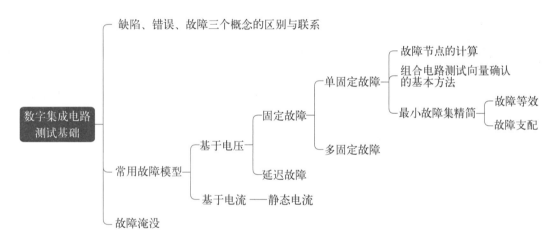

2.1 缺陷、错误和故障

在阅读集成电路测试相关文献时，很容易混淆"缺陷""错误""故障"这几个术语，本书将重申这几个概念。

2.1.1 缺陷、错误

缺陷（defect）指的是实际的物理系统与所设计系统之间存在的差异。这个差异是非故意的，缺陷导致电路功能不正确，构成了故障电路。缺陷可能是制造过程中产生的，也可能是在长期使用过程中产生的，但无论如何一定是物理存在的。

在集成电路设计的过程中，典型的物理缺陷有以下几种。

· 材料缺陷：大面积缺陷（裂纹、晶体不完整）、表面杂质等；
· 工艺缺陷：缺少接触窗口、寄生晶体管、氧化层崩溃、栅氧击穿、氧化过程中互连线表面氧化脱落、内引线键合处变质或断裂等；
· 寿命缺陷：电解质崩溃、电迁移等；
· 加工缺陷：实际环境的波动、加热炉控制不精确等；
· 封装缺陷：电子的动量交换、触点退化、密封泄漏等。

由此，我们可以看出，缺陷是不可数的，一个系统中可能存在无数个缺陷。或者说，世界上不存在没有缺陷的集成电路。

错误（error）是指有缺陷的系统在运行过程中产生非预期的输出信号。错误是由一些缺陷产生的结果。

2.1.2　故障

因为缺陷是不胜枚举的，所以如果以测试缺陷为目标，将耗费大量的精力。因此，可以将电路中的物理缺陷提取为抽象模型，把它称为故障模型（fault model）。一个故障模型不必对一个缺陷完全、准确地映射，它代表对电路输出功能造成同一结果的一类缺陷。无法基于缺陷对电路进行定量分析，但使用故障模型则可以设立测试目标，可对电路的质量进行定量分析和评价，对测试的效率进行分析和评定。

这几个概念的区别比较微妙，下面用一个例子辅助理解。如图 2-1 所示，该电路是一个或门。a、b 为输入，c 为输出，此时 a 由于某种原因连接至电源。针对这个电路，可以得出以下结论：

· 缺陷：电路中有连线和电源短接；
· 故障：信号 a 固定为逻辑 1；
· 错误：当输入为 a=0、b=0 时，输出 c 期待为 0，但实际观测结果为 1。产生的输出信号为错误。但请注意，错误并不是永恒不变的，只要有一个输入信号为 1，输出 c 的值将与期待值一致，输出端将不会产生错误。

根据故障在电路中存在时间的长短，可以将故障分为永久性故障和暂时性故障。

永久性故障指的是故障所导致的电路功能的改变不因时间而改变。常见的永久性故障有短路、断路、延迟等，是本书重点讨论对象。

暂时性故障包括瞬间故障和间歇性故障。瞬间故障指的是受外界干扰引起的故障，只要干扰停止，故障就停止了；比如电梯里手机信号不好，出了电梯，干扰消失，手机信号就恢复了。间歇性故障指的是由于元件老化或连线虚焊等引起的时有时无的故障。

故障根据抽象层级不同，可以发生在不同的级别。抽象级别如图 2-2 所示。本书的关注点是逻辑门级。

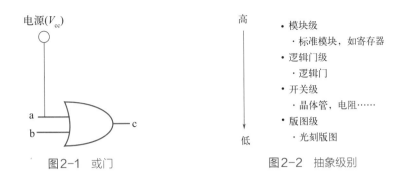

图2-1 或门　　　　　　　　　图2-2 抽象级别

右侧为图2-2内容:
- 高
- 模块级
  - 标准模块,如寄存器
- 逻辑门级
  - 逻辑门
- 开关级
  - 晶体管,电阻……
- 版图级
  - 光刻版图
- 低

2.1.3　常用故障模型

前边提到过,缺陷不胜枚举,基于缺陷无法对电路进行定量分析与评价。可以将电路中的物理缺陷抽象成故障模型,进而实现对电路的定量分析与评价。缺陷与故障模型之间的映射关系可以是一对多,也可以是多对一。通常好几种缺陷可映射成一种故障模型,一个缺陷也可以用多个故障模型来描述。

测试时,通常基于电压或电流进行测试。基于电压的故障模型有单固定故障、延迟故障等。单固定故障指的是在单个时间点,有且仅有一个故障发生。因为业界应用广泛,单固定故障将作为本书的重点研究对象加以讨论。

延迟故障模型指的是基于不同的工作频率,在不同的输入条件下,导致电路的组合延迟超出预期的故障。具体的延迟故障包括传输故障、跳变延迟故障、线延迟故障、段延迟故障和路径延迟故障等。

跳变延迟故障模型可以视为对直流的单一固定故障模型的增强,增加了对时域特性的约束。在这种故障测试中,先强制驱动测试点电平到故障值,然后在输入点加上一个跳变的激励,经过给定时间后,检测测试点是否跳变至正确值。与固定故障模型的静态检测不同,跳变延迟可以检测出门级电路上的上升跳变过慢(STR,slow to rise)或者下降跳变过慢(STF,slow to fall)故障。如图2-3所示。跳变延迟故障模型有时也被称为门延迟故障模型,因为这种模型的故障都可以归结于门输入或输出过慢。路径延迟故障模型是另一种常用的交流故障模型。这种模型可以视为对指定路径上所有组合门电路跳变延迟之和的故障判断。路径延迟故障模型与跳变延迟故障模型基本类似,所不同的是,这里用整个路径上的各个门的引脚与连线节点的连接取代了跳变延迟模型中单个节点作为考察的对象。

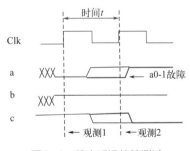

图2-3　跳变延迟故障测试

基于电流的故障模型包括静态电流(IDDQ)故障等,在稳定状态下,CMOS逻辑门的电源和地之间无传导路径,因此CMOS的静态电流非常低,约为几微安(μA)。由于电路存在某种缺陷，导致在故障测试中静态电流有可能提升几个数量级。因此可以通过测量静态电流来确认是否发生故障，如图2-4所示。

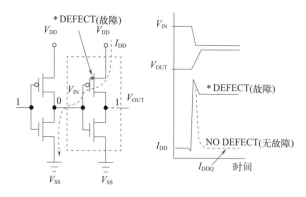

图2-4　静态电流故障测试

更多的常见故障模型可参考表2-1。

表2-1　常见故障模型

故障模型		描述
经典故障	单固定故障（SSA/SSF）	单条连线逻辑值固定为0或1
	多固定故障（MSA）	不止一条连线逻辑值固定为0或1
	桥接故障	互不连接的线发生误连接
晶体管故障	桥接故障	互不连接的线发生误连接
	恒定开路故障（SOP）	CMOS中上拉或下拉MOS管不通
	恒定通故障（SON）	MOS管恒导通
性能故障	延迟故障	电路中一条或多条路径延迟导致
	间歇故障	接触不良或电路内部参数改变导致
	瞬态故障	耦合干扰导致
存储单元故障		详见存储器相关章节

2.1.4　单固定故障

在门级电路中，假设所有的逻辑门都是好的，电路中只有一条线（或一个节点）有故障，将其称为单固定故障（SSF，single stuck-at fault）或SSA。这类故障可以出现在逻辑门的输入或输出端，故障发生时，故障节点永久地固定在逻辑0或逻辑1上。使用单固定故障模型，可以对电路进行定量分析。

如图2-5所示，该电路是一个二选一数据选择器，根据图中的标号可知，该电路拥有9个可能的故障节点，每个故障节点都可能发生固定为0或固定为1的单固定故障，因此，该电路有2×9=18个可能的单固定故障。注意：在讨论故障节点的过程中需要考虑扇出。

接下来通过几个案例电路，巩固故障节点的知识，以及分析可能发生的单固定故障。如图2-6所示，请试着分析出该电路有多少个故障节点，以及该电路有多少SSF。

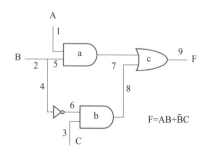

图2-5　二选一数据选择器

故障节点的编号如图2-7所示，可以得出如下信息。

- 输入个数：2。
- 输出个数：1。
- 逻辑门个数：4。
- 扇出个数：6。
- 故障节点：12。
- 单固定故障个数：24。

再分析一个案例电路，如图2-8所示，请试着分析出该电路有多少个故障节点，以及该电路有多少SSF。

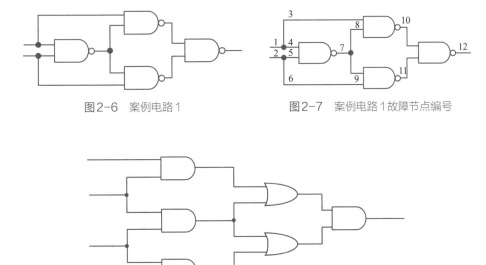

图2-6 案例电路1　　　　　图2-7 案例电路1故障节点编号

图2-8 案例电路2

通过分析，可以得出故障节点的编号如图2-9所示。注意：故障节点的编号并不是唯一固定的，但扇出处必须特殊考虑。

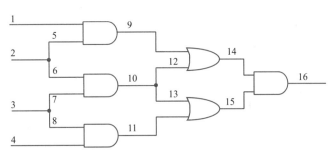

图2-9 案例电路2故障节点编号

- 输入个数：4。
- 输出个数：1。
- 逻辑门个数：6。

- 扇出个数：6。
- 故障节点：16。
- 单固定故障个数：32。

通过以上案例电路分析，可以掌握故障节点编号以及可能发生单固定故障个数的确认方法。但除了通过在电路图中进行节点编号之外，有没有更简便的计算方法呢？可不可以根据电路的拓扑结构进行计算呢？答案是肯定的。可以将一个门级电路的故障节点个数计算公式如式（2-1）表示。

$$故障节点数 = 输入端数 + 逻辑门数 + 扇出端数 \tag{2-1}$$

通过以上介绍，我们了解了单固定故障的定义，接下来请思考：对于一个给定的单固定故障，如何确定该故障的测试向量？可以用数字电路的知识来解决，如图2-10所示。

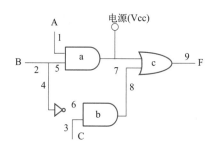

图2-10　二选一数据选择器（7/1）

目前该电路的7号线发生了固定为1的单固定故障，可能是由a逻辑门的一个缺陷或者由7号线与电路短接导致。针对该电路，可以用"7-s-a-1"或者"7/1"的方式代表7号线固定为1的单固定故障。为了寻找能测试出该故障的测试向量，首先必须列出该电路的无故障（fault free）方程以及故障方程。

- 无故障方程：$F = AB + \bar{B}C$。
- 故障方程：$F^* = 1$。

通过以上方程，可以整理该电路的真值表，如表2-2所示。从表中可以看出，粗线框圈出部分的无故障输出和故障输出值不一致，因此，将对应输入作为该故障的测试向量，可以通过分析电路输出响应来确认是否发生该故障。即可得出结论：7/1的单固定故障的测试向量为{000,010,011,100}集合中的任何一个。

表2-2　二选一数据选择器真值表（7/1）

A	B	C	F	F*
0	0	0	0	1
0	0	1	1	1
0	1	0	0	1
0	1	1	0	1
1	0	0	0	1
1	0	1	1	1
1	1	0	1	1
1	1	1	1	1

二选一数据选择器共有9个故障节点，18个可能发生的单固定故障，可以用上述方法逐一讨论，寻找对应故障的测试向量。图2-11给出了几个故障的电路图及测试向量，可以以此为例加以练习。

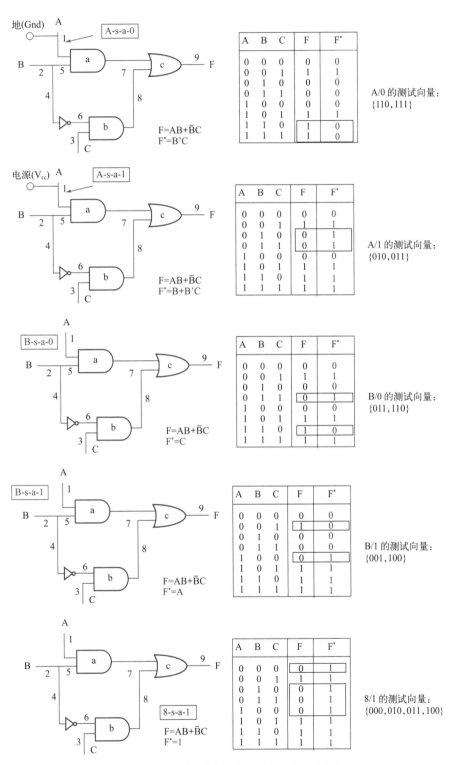

图2-11 二选一数据选择器（部分故障分析）

通过分析真值表的方式确定测试向量，已经介绍了。但一个二选一数据选择器有18个单固定故障，类似的分析需要做18次。每一次都有意义吗？是不是真的每一个故障都需要按照步骤确定测试向量呢？能不能在18个单固定故障中选出一些典型故障作为代表，将故障集精简呢？这将是我们接下来的工作。

2.2 单固定故障精简

一个二选一数据选择器有18个单固定故障，如果电路规模扩大，单固定故障数势必增多，针对每个故障分析测试向量的话，非常耗时。如果能将部分故障精简掉不去讨论，将会节省大量的人力，降低成本。本节将以二选一数据选择器为例，讲解单固定故障精简的基本方法。

2.2.1 故障等效

首先，了解一个定理——故障等效（fault equivalence）定理。从测试向量角度考虑，如果所有测试故障f1的测试向量也能测试故障f2，那么认为f1和f2等效。同样，如果故障f1和f2等效，那么两者对应的故障方程也相同。

对于二选一数据选择器来说，如图2-12所示，7/1和8/1两个故障的测试向量完全相同。换言之，当输出F*=1时，测试者并不能判断是7/1、8/1或9/1三个故障中哪个故障发生，这是或逻辑门的逻辑决定的。因此，可以认为故障等效与逻辑门息息相关。

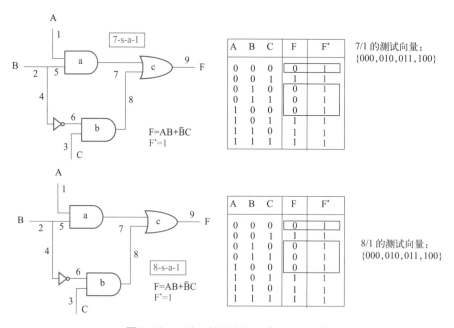

图2-12　二选一数据选择器（7/1和8/1）

通过对逻辑门逻辑的分析，能够得出各个逻辑门的故障等效关系，如图2-13所示。通过箭头连线的几个故障之间存在着故障等效关系。值得注意的是，AND、NAND、OR、NOR

四个逻辑门都是一组故障等效关系，而NOT门有两组故障等效关系。导线和扇出则不存在故障等效关系。

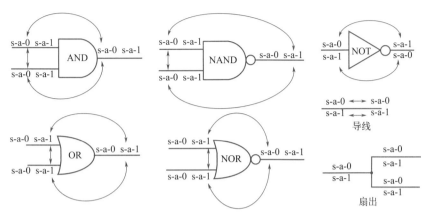

图2-13　各逻辑门故障等效关系

同样，可以按照定义推导同或逻辑门和异或逻辑门，会发现这两个逻辑门均不存在故障等效关系。

为了进一步理解故障等效关系的意义，接下来做一个练习。如图2-14所示，试计算该电路的可能单固定故障个数，试分析电路中的故障等效关系，并计算经过故障等效后，故障的精简比例是多少。

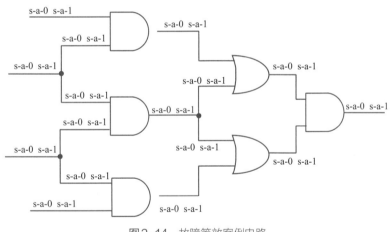

图2-14　故障等效案例电路

通过之前的学习，能够得到以下信息。

· 输入个数：4。
· 逻辑门数：6。
· 扇出个数：6。
· 故障节点数：4+6+6=16。
· 单固定故障个数：32。
· 可精简故障个数：$6 \times 2 = 12$。

因为图2-14中每个逻辑门中有三个故障是等效关系，因此每个门可以精简掉两个故障。

因此，可精简12个故障，故障等效后，需要讨论的故障个数由32个缩减至20个，是之前故障总数的62.5%。

故障等效精简，可以将一个被测电路的所有单固定故障划分为多个子集，其中每个子集中的故障都完全等效。每个子集中的任何一个故障都可以代表该子集中的其他故障。故障等效精简后，一个被测电路的故障集含有来自每个子集中的一个故障以及全部非等效故障。

此时，我们再来分析二选一数据选择器，如图2-15所示，我们可以提取电路中各个逻辑门的故障等效关系。每个子集中选一个故障（框内故障）作代表，这样12个故障将因为故障等效关系精简为4个故障，除去8个无须讨论的故障。因此应用故障等效定理，二选一数据选择器的故障数精简至原来的56%。

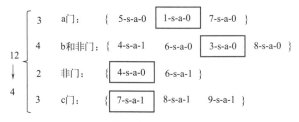

图2-15　二选一数据选择器故障等效关系

精简后的故障集，如图2-16所示。

1-s-a-0	1-s-a-1	2-s-a-0	2-s-a-1
3-s-a-0	3-s-a-1	4-s-a-0	5-s-a-1
7-s-a-1	9-s-a-0		

精简比例 $=\dfrac{10}{18}=56\%$

图2-16　二选一数据选择器故障集（故障等效后）

至此，请思考这样几个问题：故障等效精简后的故障集是唯一的吗？这个故障集是否是最精简的呢？

故障等效精简后的故障集并不是唯一的，根据选取的代表故障不同而不同，而且这个故障集也并不是最精简的，尚有优化的空间。

2.2.2 故障支配

先了解一个定理——故障支配（fault dominance）定理。如果故障f2的测试集是故障f1测试集的子集，则认为故障f1支配故障f2，也可以认为故障f2受故障f1支配。用"f2→f1"来表示。如果故障f1支配故障f2，则检测故障f2的任何一个测试向量均可以检测故障f1。接下来如图2-17所示，以AND门为例进行讨论。

图2-17左侧罗列了讨论故障等效关系后剩下的三个故障，针对每个故障，用真值表的方式，分析可得对应的测试向量。结合故障支配的定义，可分析出AND门有两组故障支配关系。A/1和B/1这两个故障的测试向量都是Z/1的子集。选取A/1和B/1这两个故障的任何测试向量，都可以测试故障Z/1。因此故障Z/1可被精简。对于AND门来说，一共6个单固定故障，通过故障等效精简了两个故障，通过故障支配又精简了1个故障。最小故障集可以精

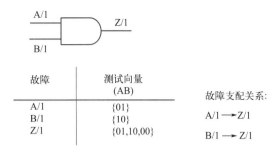

图2-17 AND门故障支配关系

简为 { A/0, A/1, B/1}，精简比例达到50%。

从上述分析中可以看出，故障支配也是一种有效的故障精简手段，并且和故障等效一样，故障支配关系也和逻辑门息息相关。可以将各个逻辑门的故障等效、故障支配关系整理如图2-18所示。图中罗列了 AND、NAND、OR、NOR 四个逻辑门的故障支配关系，其他的逻辑门并没有故障支配关系，读者可以通过推导证明。

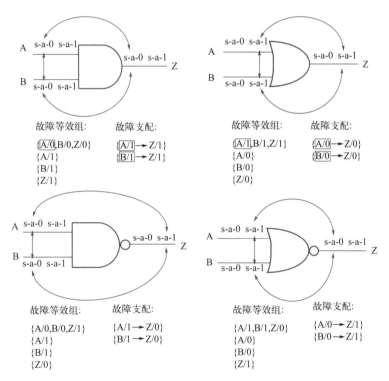

图2-18 各逻辑门故障支配关系

至此，可以看出，任何一个 N 输入的简单逻辑门，只有 $N+1$ 个单固定故障，只需要 $N+1$ 个测试向量。但要注意，无论是精简故障集还是测试向量集都不唯一。

2.2.3 最小故障集精简

基于故障等效、故障支配两个定理，可以将被测电路的测试向量集进行精简，减少必须讨论的故障数，节省测试时间与测试成本。

以二选一数据选择器为例，讨论经过故障精简后的最小故障集以及精简比例。具体操作如图2-19所示。经过故障精简后，最小故障集中含有8个故障，故障精简至44.4%。

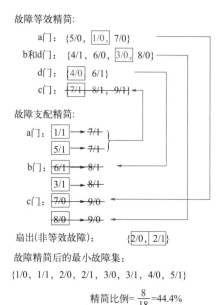

故障等效精简:
a门：{5/0，1/0，7/0}
b和d门：{4/1，6/0，3/0，8/0}
d门：{4/0，6/1}
c门：{7/1，8/1，9/1}
故障支配精简:
a门：1/1 → 7/1
5/1 → 7/1
b门：6/1 → 8/1
3/1 → 8/1
c门：7/0 → 9/0
8/0 → 9/0
扇出(非等效故障)：{2/0，2/1}
故障精简后的最小故障集：
{1/0，1/1，2/0，2/1，3/0，3/1，4/0，5/1}
精简比例= 8/18 =44.4%

图2-19　二选一数据选择器故障精简

在运用故障等效、故障支配定理精简故障集时，应遵循以下步骤。

① 罗列电路中各个逻辑门的故障等效关系；

② 罗列电路中各个逻辑门的故障支配关系；

③ 罗列因扇出而无法讨论的故障；

④ 在每个故障等效的子集中选一个故障作代表（通常选线号最小）；

⑤ 在每个故障支配关系中，选出被支配的故障，删除支配故障；

⑥ 以故障等效为基础，删除故障支配以及扇出中的重复故障；

⑦ 以故障支配为基础，删除故障等效以及扇出中的重复故障；

⑧ 整理所有被选中的故障，形成最小故障集；

⑨ 计算故障精简比例。

可以通过图2-20的电路图，练习故障精简的方法。首先找出该电路的所有故障等效组以及故障支配关系，并依据精简步骤寻找最小故障集、计算精简比例。

A
B
1
2
3
4
5
6
7
8
9
10
11
12
a
b
c
d
F

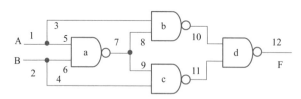

图2-20　故障精简案例电路1

通过分析可知，该电路有12个故障节点，存在24个可能发生的单固定故障，经故障等效、故障支配定理精简后的结果如图2-21所示。故障精简后最小故障集中含有13个故障，精简比例为54.2%，精简了近半数的故障。

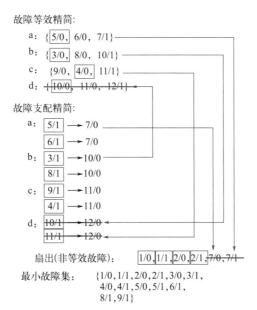

故障等效精简：

a: {5/0, 6/0, 7/1}
b: {3/0, 8/0, 10/1}
c: {9/0, 4/0, 11/1}
d: {10/0, 11/0, 12/1}

故障支配精简：

a: 5/1 → 7/0
   6/1 → 7/0
b: 3/1 → 10/0
   8/1 → 10/0
c: 9/1 → 11/0
   4/1 → 11/0
d: 10/1 → 12/0
   11/1 → 12/0

扇出（非等效故障）：1/0,1/1,2/0,2/1,7/0,7/1

最小故障集：{1/0,1/1,2/0,2/1,3/0,3/1,
            4/0,4/1,5/0,5/1,6/1,
            8/1,9/1}

图2-21 故障精简案例电路1：精简结果

2.2.4 测试向量生成举例

目前，已知的确定测试向量的方法为整理真值表，根据无故障输出和故障输出的对比，确定测试向量。以二输入NAND门为例，可以进行故障的全遍历，结果如图2-22所示。

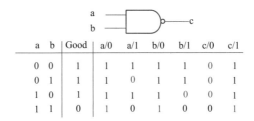

a	b	Good	a/0	a/1	b/0	b/1	c/0	c/1
0	0	1	1	1	1	1	0	1
0	1	1	1	0	1	1	0	1
1	0	1	1	1	1	0	0	1
1	1	0	1	0	1	0	0	1

图2-22 二输入NAND门测试向量：故障全遍历

也可以运用故障等效、故障支配定理，将故障集精简后再考虑测试向量，如图2-23所示。

与非门的最小故障集：

故障等效：{a/0,b/0,c/1}
故障支配：a/1 → c/0   ⇒ {a/0,a/1, b/1}
         b/1 → c/0

最小故障集的测试向量：

a	b	Good	a/0	a/1	b/1
0	0	1	1	1	1
0	1	1	1	0	1
1	0	1	1	1	0
1	1	0	1	0	0

最小测试向量集：{01,10,11}

图2-23 二输入NAND门测试向量：故障精简后

通过这两种方法的对比，能更加深刻地理解故障精简的意义。全遍历的方法固然可行，但成本高、效率低。尤其当电路规模扩大后，差距更加明显。

其次，由于一个测试向量可能测试到多个故障，因此测试向量也可以进一步压缩，如图2-24所示，案例电路为三输入、一输出的简单电路，由三个逻辑门构成。真值表中目前有6个故障需要确定讨论，左列（abc）为各个测试向量，中间列（Good）为无故障输出，右列为6个故障的故障输出。由于测试向量010能覆盖3个故障，覆盖故障数量较多，因此首先选择010测试向量。其次，可选择覆盖两个故障的000测试向量。最后只剩下故障e/1未被覆盖，因此选择011测试向量。至此，通过3个测试向量完全可以覆盖故障集中的6个故障。测试向量可以进一步被压缩。具体步骤在后续中会详细介绍。

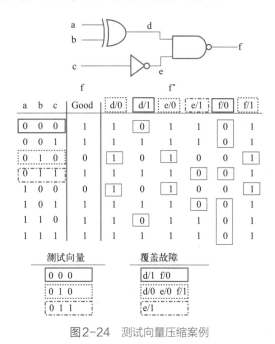

a b c	Good	d/0	d/1	e/0	e/1	f/0	f/1
0 0 0	1	1	0	1	1	0	1
0 0 1	1	1	1	1	1	0	1
0 1 0	0	1	0	1	0	0	1
0 1 1	1	1	1	1	1	1	1
1 0 0	0	1	0	1	0	0	1
1 0 1	1	1	1	1	0	0	1
1 1 0	1	1	0	1	1	0	1
1 1 1	1	1	1	1	1	0	1

测试向量	覆盖故障
0 0 0	d/1 f/0
0 1 0	d/0 e/0 f/1
0 1 1	e/1

图2-24　测试向量压缩案例

2.3　多固定故障

多固定故障（MSF，multiple stuck-at fault）指的是电路中有任意个节点固定在逻辑0或者逻辑1。假设一个电路中存在k个节点，则该电路共有3^k-1个单固定故障和多固定故障。比如一个3节点的AND逻辑门，共存在$3^3-1=26$个单固定故障和多固定故障。当节点k为9时，该电路则存在$3^9-1=19682$个单固定故障和多固定故障。

从数量的角度考虑，分析多固定故障不现实，成本过高。从统计学的结果分析，单固定故障的测试向量能够覆盖大量的多固定故障，因此，在实际中只使用单固定故障模型。

2.4　故障淹没

如果一个电路存在一个故障，而且任何一个输入组合（测试向量）都不能使该故障对电路的影响在输出端显示出来，那么这个故障称为不可测的故障或故障淹没。如图2-25所示，该电路的输出方程为$F=\overline{\overline{X_1X_2}\,\overline{X_1X_2X_3}}=X_1X_2+X_1X_2X_3=X_1X_2$。电路输出只与$X_1$和$X_2$有关，使用任何输入组合，在输出端F都观测不到$X_3$上的故障。因此，可以认为$X_3$相关故障被淹没。

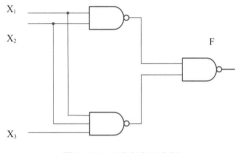

图2-25 测试淹没案例

　　冗余电路可能导致电路中的某些故障不可测试。在电路设计中，人们经常使用冗余电路，例如容错电路等。检测任意电路中的冗余电路都是非常耗时的。

习题

1. 给定图2-26电路，试讨论以下问题。

（1）使用单固定故障模型，以及故障等效、故障支配定理，找出该电路的一个最小故障集，并给出故障精简的详细步骤。

（2）该电路的故障精简比例是多少？

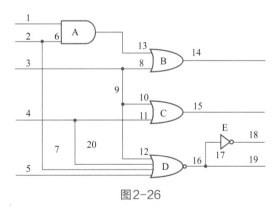

图2-26

2. 给定图2-27电路，试讨论以下问题。

（1）使用单固定故障模型，以及故障等效、故障支配定理，找出该电路的一个最小故障集，并给出故障精简的详细步骤。

（2）该电路的故障精简比例是多少？

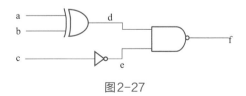

图2-27

3. 给定图2-28电路，试讨论以下问题。

（1）使用单固定故障模型，以及故障等效、故障支配定理，找出该电路的一个最小故障集，并给出故障精简的详细步骤。

（2）该电路的故障精简比例是多少？

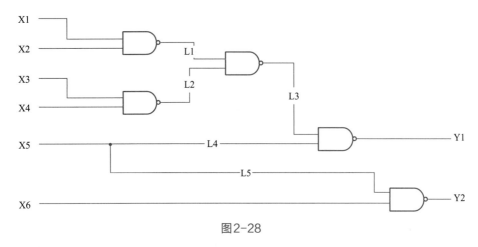

图2-28

4. 给定图2-29电路，使用单固定故障模型，试运用故障等效、故障支配定理，找出该电路的一个最小故障集，并给出故障精简的详细步骤。

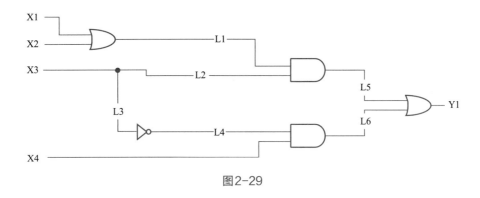

图2-29

第**3**章

测试向量生成

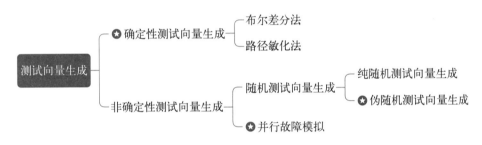

▶▶ 思维导图

测试向量生成 ┬ ☆确定性测试向量生成 ┬ 布尔差分法
　　　　　　　│　　　　　　　　　　└ 路径敏化法
　　　　　　　└ 非确定性测试向量生成 ┬ 随机测试向量生成 ┬ 纯随机测试向量生成
　　　　　　　　　　　　　　　　　　　│　　　　　　　　　└ ☆伪随机测试向量生成
　　　　　　　　　　　　　　　　　　　└ ☆并行故障模拟

注：☆表示配有实例，后同。

3.1　自动测试向量生成

　　测试向量生成是确定给定的被测电路故障的测试向量的过程，要解决两个主要问题：一是保证故障在其源处的再现，二是把故障效应传播到电路的某一原始输出，简单来说就是对故障源处再现，其故障效应在输出端可观测。故障覆盖率与测试成本也是需要考虑的重要因素。

　　测试向量生成可分为非确定性测试向量生成和确定性测试向量生成。确定性测试向量生成是采用算法的自动测试向量生成（ATPG，automatic test pattern generation）的方法。ATPG工具或算法一般在门级生成测试向量，大量的实验表明，生成测试的向量可以检测出大多数晶体管的缺陷。而非确定性测试向量生成也分两种，一种是测试工程师根据被测对象功能和测试经验采用一定的方法生成测试向量，另一种是用软件或电路产生随机测试向量，对电路进行穷举或伪穷举测试。本书将重点讨论确定性测试向量生成方法。

确定性测试向量生成方法按其生成的手段可归为两大类，即代数法和算法。代数法是根据描述电路的布尔函数求解出测试向量，典型方法是异或法、布尔差分法和布尔微分法等方法。这些方法有助于理解路径敏化法，使得路径敏化法的理论更加系统化，而且布尔差分法与布尔微分法在测试理论中占有重要地位，是进行理论研究的必要工具和基础。代数法的主要缺点是占用存储区空间大，当电路复杂时，不存在或很难求得布尔等式，对于大规模集成电路难以奏效。算法是根据电路机制来进行追踪、敏化路径，把故障效应传播到电路的原始输出，然后给原始输入分配满足故障激活和传播条件的值。

最早的故障测试始于组合逻辑电路测试。1959年，Eldred发表了第一篇关于组合电路的测试报告，尽管只是针对单级或两级组合电路中的固定故障进行检测，但实际应用于第二代电子管计算机 Datamatic-1000 的诊断中，开创了数字电路测试的先河。1966年，根据 Eldred的基本思想，D. B. Armstrong 提出了一维路径敏化的方法，对多级门电路寻找一条从故障点到原始输出的敏化路径，使得故障效应在原始输出可以观察到。这种方法解决了大多数的组合电路的故障诊断问题。

资料表明，组合电路的测试生成是一个NP-complete（不确定多项式-完备）问题。Goel提出算法的执行时间与电路中门的个数的平方成正比。测试生成的算法如此复杂，一些迭代方法也应运而生，较著名的算法是D算法、PODEM算法、FAN算法和SOCRATES算法。

Roth提出的D算法已经考虑了故障信号向原始输出端传播的所有可能的路径，也包括多路径传输。经实践证明，这种方法是可行的。后来,Roth又从理论上证明了D算法的确实性，因此D算法的理论一直沿用至今。其他算法虽不能从理论上证明其确实性，但在大多数情况下也是实用、有效的。

而所有的算法都基于4个最主要的操作过程：激活（excitation）、敏化（sensitization）、确认（justification）和蕴涵（implication）。各种算法都始于电路的不同部分：D算法始于有故障的线，其主要困难在于对重聚的扇出电路的测试生成。关键路径算法是另一种模拟方法，从原始输出出发对故障进行测试生成。PODEM算法始于原始输入。FAN算法是对PODEM算法的改进，用新的迭代法将向后追踪最小化。SOCRATES算法则是对FAN算法的改进，采用可测性度量来实施向后追踪。

3.1.1　布尔差分法

测试向量即输入激励，它使得正常电路输出响应和故障电路输出响应不同。我们可以通过找到正常电路模型与其故障电路模型的布尔差分，进而确定测试向量。

■　（1）原始输入的布尔差分

假定一个电路有 n 个输入，称之为原始输入（PI, prime input），通过电路内部逻辑，传至电路原始输出（PO, prime output）。如果输入端的测试向量为 $(x_1, x_2, \cdots, x_i, \cdots, x_n)$，则该电路的输出函数为 $F(x_i) = f(x_1, x_2, \cdots, x_i, \cdots, x_n)$。理论上，如果故障可测，则电路无故障输出和故障输出应该不一致。假定输入 x_i 发生故障，且可测试，则式（3-1）成立。该式左侧为输入 x_i 的布尔差分，当 x_i 变化时，若能通过电路输出响应体现 x_i 的变化，则该式成立，故障 x_i 可测。若不能通过电路输出响应体现 x_i 的变化，则该式不成立，故障 x_i 可能被淹没。

$$f(x_1, x_2, \cdots, 0, \cdots, x_n) \oplus f(x_1, x_2, \cdots, 1, \cdots, x_n) = 1 \qquad (3\text{-}1)$$

因此，将布尔函数 $F(x_i) = f(x_1, x_2, \cdots, x_i, \cdots, x_n)$ 对输入 x_i 的差分定义如式（3-2）所示。

$$\frac{\mathrm{d}F(x)}{\mathrm{d}x_i} = F(x_i) \oplus F(\overline{x_i}) \qquad (3\text{-}2)$$

那么当故障 x_i 可测试时，一定满足式（3-3）和式（3-4）。

$$x_i \frac{\mathrm{d}F(x)}{\mathrm{d}x_i} = 1 \qquad (x_i / 0) \qquad (3\text{-}3)$$

$$\overline{x_i} \frac{\mathrm{d}F(x)}{\mathrm{d}x_i} = 1 \qquad (x_i / 1) \qquad (3\text{-}4)$$

如图3-1所示，以"老朋友"二选一数据选择器为例，试用布尔差分法求 $x_1/0$ 和 $x_1/1$ 的测试向量。

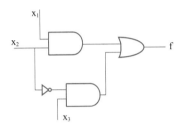

图3-1 原始输入布尔差分案例电路

该电路的输出函数为 $F(x) = x_1x_2 + \overline{x_2}x_3$，由此可得原始输入节点 x_1 的布尔差分为：

$$\frac{\mathrm{d}F(x)}{\mathrm{d}x_1} = \overline{x_2}x_3 \oplus (x_2 + \overline{x_2}x_3) = x_2$$

根据式（3-3）和式（3-4），可得：

$$x_1 \frac{\mathrm{d}F(x)}{\mathrm{d}x_1} = x_1x_2 = 1 \qquad (x_1 / 0)$$

$$\overline{x_1} \frac{\mathrm{d}F(x)}{\mathrm{d}x_1} = \overline{x_1}x_2 = 1 \qquad (x_1 / 1)$$

因此可得，测试故障 $x_1/0$ 的测试向量为 $\{110, 111\}$，测试故障 $x_1/1$ 的测试向量为 $\{010, 011\}$。

■（2）内部节点的布尔差分

对于给定电路内部节点的单固定故障，也可以参考原始输入节点，采用求差分的方法推导测试向量。

依然假定该电路的输入为 $(x_1, x_2, \cdots, x_i, \cdots, x_n)$，则该电路的输出函数为 $F(x_i) = f(x_1, x_2, \cdots, x_i, \cdots, x_n)$。电路内部节点 j 生成的函数为 $f_j(x) = f_j(x_1, \cdots, x_n)$，则该电路输出函数可用 $F(x, f_j)$ 的形式来表达。如果内部节点 j 处的故障对电路的影响可反映至输出响应，即内部节点 j 处的电路无故障输出和故障输出不一致，可对比，则式（3-5）成立。

$$\frac{\mathrm{d}F(x,f_j)}{\mathrm{d}f_j}=1 \tag{3-5}$$

因此，如果内部节点单固定故障可测试，则式（3-6）、式（3-7）成立。

$$f_j(x)\frac{\mathrm{d}F(x,f_j)}{\mathrm{d}f_j}=1 \qquad (j/0) \tag{3-6}$$

$$\overline{f_{J(x)}}\frac{\mathrm{d}F(x,f_j)}{\mathrm{d}f_j}=1 \qquad (j/1) \tag{3-7}$$

如图3-2所示，以"老朋友"二选一数据选择器为例，试用布尔差分法求故障7/0的测试向量。

根据电路结构可得出以下信息。

该电路的原始输出函数：$F(x)=x_1x_2+\overline{x}_2x_3=f_7+\overline{x}_2x_3$

内部节点7号线的f_7函数：$f_7=x_1x_2$

输出函数F对内部节点f_7的布尔差分为：

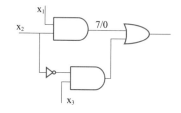

图3-2　内部节点布尔差分案例电路

$$\frac{\mathrm{d}F(x)}{\mathrm{d}f_7}=\frac{\mathrm{d}(f_7+\overline{x}_2x_3)}{\mathrm{d}f_7}=x_2+\overline{x}_3$$

根据式（3-6），可得：

$$f_7\frac{\mathrm{d}F(x)}{\mathrm{d}f_7}=x_1x_2(x_2+\overline{x}_3)=1 \quad(7/0)$$

因此可得，测试故障7/0的测试向量为$\{110,111\}$。

几乎对所有类型的故障均可以采用布尔差分法进行测试向量的生成。但注意，布尔差分函数输出为零的故障将被淹没，无法确定其测试向量。布尔差分算法可针对给定电路故障计算生成测试向量。该方法严谨，能覆盖所有故障类型，也能完整地找出目标故障的所有测试向量。但因这种方法与电路描述的逻辑函数有关，而与其拓扑关系无关，导致计算复杂、内存需求量大而具有局限性，不能对故障进行定位检测，对于大规模电路而言，实用价值较弱。

3.1.2　路径敏化法

相较于布尔差分法，路径敏化法是一种启发性方法，能够针对指定的电路故障进行定位测试，具有很强的理论价值和工程实用性。

路径敏化法的原理是从故障源点起，将该故障的故障效应经敏化路径传播到电路的原始输出端，再由原始输出端逐级返回输入端，进行线值确认和一致性检查。从故障源点至原始输出的这一条通路，称之为敏化路径（sensitized path）。如果故障可沿该路径传播至原始输出，则认为故障可测。

路径敏化法一共包含以下四个步骤。接下来结合二选一数据选择器，进一步解释说明。

■ （1）故障激活

故障激活（fault excitation），即设置故障节点的取值与故障值相反。假设α为故障节点故障值，则故障激活时，该节点取值为$\bar{\alpha}$，用$\bar{\alpha}/\alpha$表示，该表达方式称之为D-cub的表达方式。如图3-3所示，假使输入A节点发生固定为0的单固定故障，可采用1/0的表达方式进行故障激活。

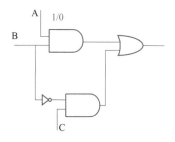

图3-3　故障激活举例

■ （2）故障效应传播

故障效应传播（fault propagation）指的是使指定故障节点的故障效应沿着一条或多条路径一级一级向电路的输出端传播，直至达到原始输出，也称之为路径敏化。如图3-4所示，故障激活后，沿逻辑门a和c传播至原始输出。

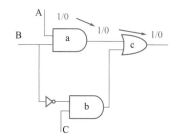

图3-4　故障效应传播举例

■ （3）线值确认

线值确认（line justification）指的是在激活故障或故障效应传播过程中，会对电路中某些节点提出某些赋值要求，使该故障效应传播到电路的输出端。如图3-5所示，路径敏化后，为保证故障可传播，要求逻辑门c的另外一个输入固定为0，逻辑门a的另外一个输入固定为1。由于当前输入可保证逻辑门b输出为0，因此原始输入c可为任意逻辑。对于AND/NAND逻辑门的非控制值为1，OR/NOR逻辑门的非控制值为0。由此可见，在线值确认过程中，要注意保证各个逻辑门的输入值为非控制值。

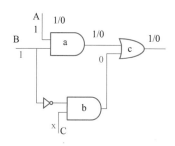

图3-5　线值确认举例

■ （4）一致性检查

一致性（consistency）检查指的是在激活故障或故障效应传播过程中，会对电路中的某些节点提出某些赋值要求。寻找一组满足所有这些赋值要求的原始输入值，使电路中所有节点的值相容，即不发生冲突。如果有冲突，则必须重新处理。如图3-6所示，该电路目前各线值并没有冲突，因此可确认测试向量为{110，111}。

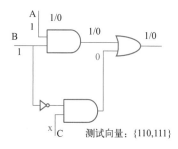

测试向量：{110,111}

图3-6　一致性检查举例

由此，可以总结路径敏化法的主要过程，首先在故障发生节点进行故障激活，并把此故障激活后的效应沿着敏化路径传播至原始输出。确保在输出端能观测到无故障输出和故障输出的对比，并沿着敏化路径以外的路径进行线值确认，确定其他连线上的逻辑值，确保故障可以沿敏化路径正确传播。获得一组原始输入值，在各个线值无冲突，确保一致性的前提下，这一组原始输入将成为测试向量。在路径敏化的过程中，可能存在多条通路，可以结合一致性检查，确认敏化路径。

在使用路径敏化法确认测试向量的过程中，由于扇出的存在，可能存在一条或多条不同的传播路径，接下来用几个案例电路加以说明。

[例3-1] 无扇出电路路径敏化。

如图3-7所示，该电路由6个逻辑门构成，存在14个故障节点，其中13号线发生固定为0的单固定故障。试使用路径敏化法分析该故障的测试向量。

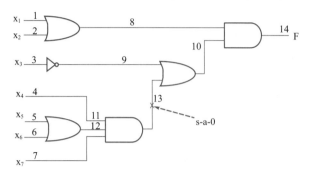

图3-7 无扇出电路

首先使用D-cub表达方式，将13号线故障激活，沿着故障激活点进行路径敏化，将故障效应传播至原始输出，然后从输出到输入，进行线值确认，找到一组或多组原始输入，保证故障可以沿着敏化路径传播至原始输出，并且可对比。最后进行一致性确认，在确保各个线值无冲突的基础上，确定最终测试向量为9组。推演痕迹如图3-8所示。

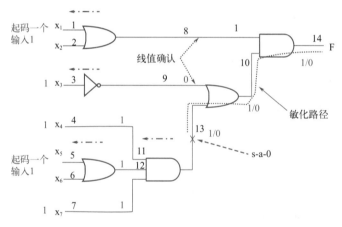

图3-8 无扇出电路：路径敏化

[例3-2] 扇出电路路径敏化。

如图3-9所示，该电路由4个逻辑门构成，电路中存在一个固定为0的单固定故障。试使用路径敏化法分析该故障的测试向量。

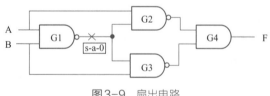

图3-9 扇出电路

该节点发生故障后，需经由扇出向原始输出传播。可沿G2→G4通路或G3→G4通路向输出传播，或者沿双路向输出传播。推演过程分别如图3-10～图3-12所示。

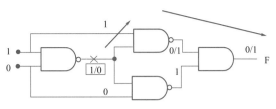

图3-10　扇出电路（上路传播）

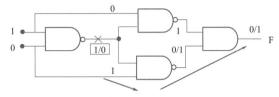

图3-11　扇出电路（下路传播）

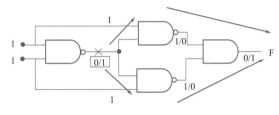

图3-12　扇出电路（双路传播）

但并不是所有的故障均可以沿任意一条路径将故障效应传播至原始输出。如图3-13所示，将故障节点的故障改为固定为1的单固定故障，首先进行故障激活，要保证故障节点无故障值为零，则要求输入A、B均为1，假使沿上路G2→G4通路进行故障传播，则要求G3逻辑门的输出为1，为保证此条件，要求输入B为逻辑0，这与之前的推导冲突，因此上路无法传播。同理，下路也同样无法传播故障效应，但该故障沿双路可以传播，读者可以试着自己推导。

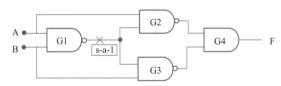

图3-13　扇出电路（故障无法沿全部路径传播）

分析至此，可总结对于存在扇出的电路，进行路径敏化法时，存在以下三种情况。

① 仅有单路径可传播故障效应，产生测试向量；

② 仅有多路径可传播故障效应，产生测试向量；

③ 单路径或多路径均可传播故障效应，产生测试向量。

[例3-3] 二选一数据选择器路径敏化练习。

根据之前的讨论，可以得出二选一数据选择器的最小故障集如图3-14所示，请读者使用路径敏化法分析各个故障的测试向量。

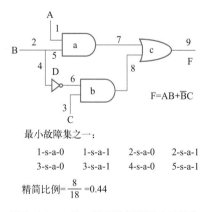

F=AB+\overline{B}C

最小故障集之一：

1-s-a-0	1-s-a-1	2-s-a-0	2-s-a-1
3-s-a-0	3-s-a-1	4-s-a-0	5-s-a-1

精简比例= $\dfrac{8}{18}$ =0.44

图3-14　二选一数据选择器最小故障集

可通过图3-15~图3-19对比分析结果。

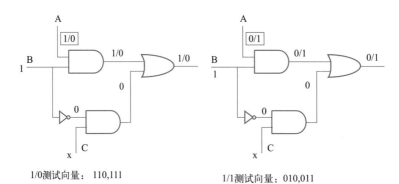

1/0测试向量：110,111   1/1测试向量：010,011

图3-15   二选一数据选择器路径敏化分析（1/0和1/1）

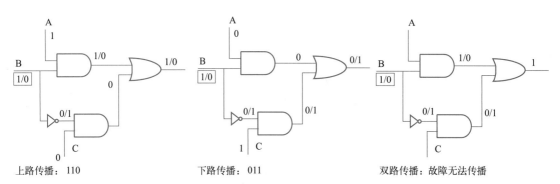

上路传播：110   下路传播：011   双路传播：故障无法传播

图3-16   二选一数据选择器路径敏化分析（2/0）

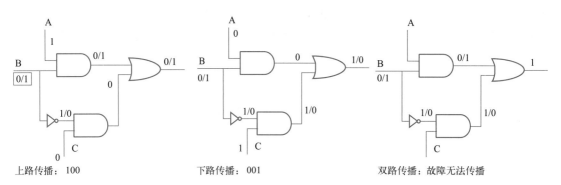

上路传播：100   下路传播：001   双路传播：故障无法传播

图3-17   二选一数据选择器路径敏化分析（2/1）

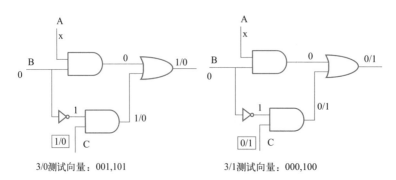

3/0测试向量：001,101   3/1测试向量：000,100

图3-18   二选一数据选择器路径敏化分析（3/0和3/1）

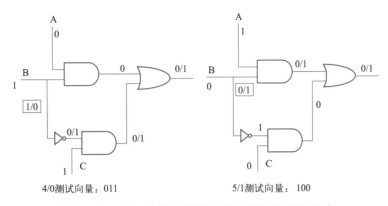

4/0测试向量：011   5/1测试向量：100

图3-19 二选一数据选择器路径敏化分析（4/0和5/1）

通过以上分析，可以得到二选一选择器的测试向量集，如表3-1所示，第一列为故障集，第一行为测试向量，表中x的位置代表可以选择该测试向量测试对应故障。

表3-1 二选一数据选择器测试向量集

故障集 ＼ 测试向量	000	001	010	011	100	101	110	111
1-s-a-0							x	x
1-s-a-1			x	x				
2-s-a-0				x			x	
2-s-a-1		x			x			
3-s-a-0		x				x		
3-s-a-1	x				x			
4-s-a-0				x				
5-s-a-1					x			

之前简单地讨论过测试向量集精简，接下来梳理最小测试向量集的精简方法。

① 找出被单一测试向量覆盖的所有故障，用竖线选择该测试向量，并用横线删除该故障，最后用横线删除该测试向量覆盖的所有故障。

② 找出覆盖剩余故障最多的测试向量，用竖线选择该测试向量，用横线删除该测试向量覆盖的所有故障。

③ 重复步骤②的操作，直至所有的故障完全被覆盖。

采用上述方法，即可压缩测试向量集，如表3-2所示，经过精简压缩后，最小测试向量集为{001，011，100，110}。但注意，这个最小测试向量集并不是唯一的。最精简的测试向量集是不存在的，只有无限接近精简。采用不同算法，测试向量集的精简程度也是不一样的。如果去评价各个精简算法，可以采用业界公认的水准电路来评价。

表3-2　二选一数据选择器测试向量

测试向量 / 故障集	000	001	010	011	100	101	110	111
1-s-a-0							×	×
1-s-a-1			×	×				
2-s-a-0				×				
2-s-a-1		×		×				
3-s-a-0		×				×		
3-s-a-1	×			×				
4-s-a-0				×				
5-s-a-1				×				

3.2　随机测试向量生成

在生成测试向量的过程中，可以采用穷举测试。对一个 n 输入的电路，必须使用 2^n 个测试向量进行测试。采用二进制计数器电路可以轻松实现穷举测试向量生成电路。随着 n 取值不同，测试向量数如表3-3所示。从表中信息可以看出，随着电路输入个数的增多，穷举测试向量数激增。事实上，当 $n>22$ 时，穷举测试已经不再适用，并且由二进制计数器电路生成的测试向量具有低位翻转频率高、高位翻转频率低的特点，与实际测试需求不一致。

表3-3　不同输入的穷举测试向量数

n	穷举测试向量数
1	2
10	1024
20	1048576
22	4194304
24	16777216

由于穷举测试向量生成的局限性，因此将引入随机测试向量生成。

3.2.1　纯随机测试向量生成

纯随机测试向量生成（RTPG，random test pattern generation）是使用随机产生的数作为测试向量，进行电路测试。其他书中也将其称为随机测试向量生成，为区别后续的伪随机测试向量生成，本书称其为纯随机测试向量生成。它具有以下缺点。

· 测试向量的生成不可重复，因此需要专门存储测试向量的存储器，耗费资源。
· 相较于ATPG等其他测试向量电路而言，生成的测试向量较多。
· 故障覆盖率难以保证。

数字电路测试中一个非常重要的参数就是测试施加时间，一般与测试向量长度成正比。

而测试向量长度可依据故障覆盖率确定，测试长度越长，故障覆盖率越高，满足故障覆盖率的测试长度一般不超过2000位。

有学者对纯随机测试进行了调查，结果如图3-20所示。该图横轴为测试向量长度，纵轴为故障覆盖率。对于一般电路而言，故障覆盖率基本以对数方式趋近100%。当然，为了达到100%的故障覆盖率，需要大量的纯随机测试向量。然而，针对一些特殊电路，比如可编程逻辑阵列（PLA，programmable logic array），存在大量的抗纯随机测试向量故障（RPRF，random pattern resistant fault），典型曲线如图中另外一条曲线所示。我们将类似电路称为抗纯随机测试向量电路。为了获得理想的故障覆盖率，需要在这种电路中插入大量的可测试硬件，以确保故障覆盖率。

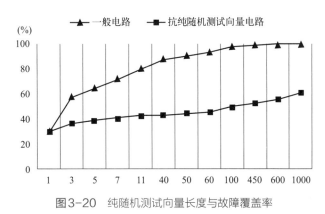

图3-20　纯随机测试向量长度与故障覆盖率

3.2.2　伪随机测试向量生成

之前讨论过用二进制计数器电路做穷举测试，生成的测试向量具有低位翻转频率高、高位翻转频率低的特点，与实际测试需求不符。而纯随机测试向量生成又具有测试向量需要存储耗费资源、测试向量数较多、故障覆盖率不高等缺点。基于以上问题，可采用伪随机测试向量生成方法。

伪随机测试向量生成（PTPG，pseudorandom test pattern generation）具有容易生成、不需要存储等特点，适用于内建自测试。缺点则是相较于ATPG，测试向量集较大，针对一些特定故障的测试向量可能不包含在测试向量集中。

作为伪随机测试向量生成电路，最常用的就是线性反馈移位寄存器（LFSR，linear feedback shift register）。生成的测试向量具有随机数的属性，同时由于是按照算法电路生成的，因此具有可重复性。可以不必像穷举测试一般覆盖所有测试向量，可以减少测试向量的个数。当然，为了保证足够高的故障覆盖率，较长测试向量仍是必不可少的。

一个LFSR包括一系列移位寄存器，其反馈通过异或门进行连接。异或门组成以2为模的加法器，移位寄存器中的各个触发器被视为延迟单元。

LFSR的结构如图3-21所示，由一系列触发器连接构成移位寄存器，通过异或门将反馈连入电路。这些触发器从左至右标号为 $1 \sim N$，我们将每个组件常数乘以 x，x^N 就成了时间 N 处的常数，最左侧 x^0 则成为数据 N 经时钟循环返回的常数。如图3-21，可将该电路用一个二进制多项式表达。其中 C_i（$i=0 \sim N$）为系数，为1则表示反馈线连接至电路中；为0则代表反馈线为断路，即不存在反馈。

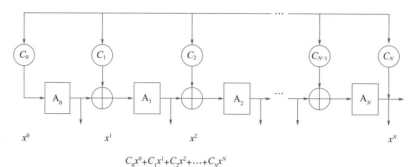

$$C_0x^0+C_1x^1+C_2x^2+\cdots+C_Nx^N$$

图3-21　LFSR结构示意图

LFSR可根据电路结构不同，分为外接型和内接型两种。图3-22为外接型LFSR的结构示意图。图3-23为内接型LFSR的结构示意图。后续讨论将以内接型LFSR为主。

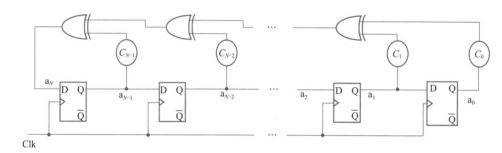

图3-22　外接型LFSR

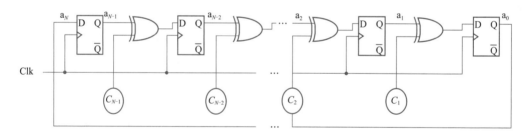

图3-23　内接型LFSR

如图3-24所示，以外接型LFSR为例，分析两个多项式对应的电路以及生成的测试向量，不难看出，两个多项式对应的LFSR生成的测试向量序列均形成循环，其中一个循环内包含6个测试向量，另外一个循环内包含5个测试向量。而作为一个4位LFSR，除了"全零"状态外，还包含15种状态。显然，这两个LFSR都没有将"全零"以外的所有状态包含在一个循环内。也就是说，该图所示电路产生的伪随机序列并非最大长度，如果用它们作为测试向量，将无法保证故障覆盖率。原因是电路所对应的多项式其实是可以分解的。这种可以分解的多项式称之为非原始多项式，其对应的LFSR生成的测试向量，不能将"全零"以外的其他状态均覆盖，因而无法保障故障覆盖率。

接下来以多项式x^4+x+1为例，分析该多项式所对应的LFSR所生成的测试向量序列，如图3-25所示。图中左侧为内接型LFSR电路结构以及生成的伪随机序列，右侧为外接型LFSR电路结构以及生成的伪随机序列。可以看出，电路实现方式虽然不同，但生成的伪随

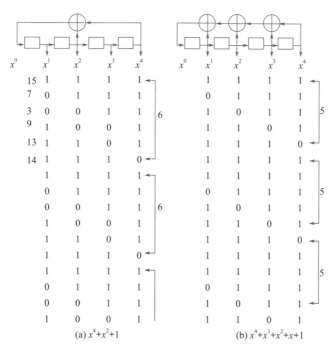

(a) x^4+x^2+1 (b) $x^4+x^3+x^2+x+1$

图3-24 非原始多项式对应LFSR举例

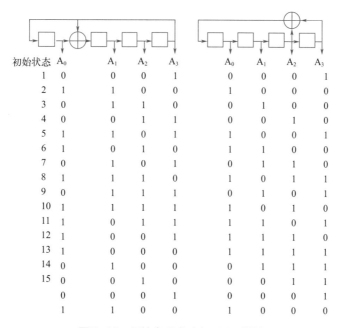

图3-25 原始多项式对应LFSR举例

机序列均能将"全零"以外的其他状态均包含在一个循环内，形成一个最长的序列循环。采用此种电路生成的伪随机序列作为测试向量，可以确保故障覆盖率。能产生最长序列的原因是多项式x^4+x+1是不可分解，是原始多项式。因此，为保证故障覆盖率，测试中多采用原始多项式对应的LFSR电路作为伪随机测试向量生成电路。

对此，可以总结为对于任意一个m位的线性反馈移位寄存器，根据原始多项式的系数C_i

（$i=0, 1, 2, \cdots, m$）连接反馈所形成的伪随机序列发生电路，均可生成最大长度的测试向量，其长度为2^m-1。部分原始多项式如图3-26所示。

$x+1$	$x^{19}+x^6+x^5+x+1$
x^2+x+1	$x^{20}+x^3+1$
x^3+x+1	$x^{21}+x^2+1$
x^4+x+1	$x^{22}+x+1$
x^5+x^2+1	$x^{23}+x^5+1$
x^6+x+1	$x^{24}+x^4+x^3+x+1$
x^7+x+1	$x^{25}+x^3+1$
$x^8+x^6+x^5+x+1$	$x^{26}+x^8+x^7+x+1$
x^9+x^4+1	$x^{27}+x^8+x^7+1$
$x^{10}+x^3+1$	$x^{28}+x^3+1$
$x^{11}+x^2+1$	$x^{29}+x^2+1$
$x^{12}+x^7+x^4+x^3+1$	$x^{30}+x^{16}+x^{15}+x+1$
$x^{13}+x^4+x^3+x+1$	$x^{31}+x^3+1$
$x^{14}+x^{12}+x^{11}+x+1$	$x^{32}+x^{28}+x^{27}+x+1$
$x^{15}+x+1$	$x^{33}+x^{13}+1$
$x^{16}+x^5+x^3+x^2+1$	$x^{34}+x^{15}+x^{14}+x+1$
$x^{17}+x^3+1$	$x^{35}+x^2+1$
$x^{18}+x^7+1$	$x^{36}+x^{11}+1$

图3-26　部分原始多项式举例

接下来，以$P(x)=x^3+x+1$为例，详细推导该电路所对应的线性反馈移位寄存器及生成的测试向量。

首先，需要根据多项式，建立一个3阶移位寄存器，并标明每个寄存器的标号。其次，根据多项式的系数进行反馈线的连接，如图3-27所示。

然后，根据LFSR电路，整理各个寄存器的次态方程，如图3-28所示。

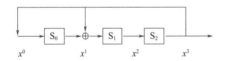

$$S_0^+=S_2$$
$$S_1^+=S_0\oplus S_2$$
$$S_2^+=S_1$$

图3-27　$P(x)=x^3+x+1$对应的LFSR电路　　　图3-28　次态方程

接着，根据指定的"非零"初始状态以及次态方程，完成各个周期的电路状态，如图3-29所示，可根据次态方程决定图中箭头的指向。

时间	S_0	S_1	S_2	
t1	0	0	1	1 |← 非零的初始状态
t2	1	1	0	6
t3	0	1	1	3
t4	1	1	1	7
t5	1	0	1	5
t6	1	0	0	4
t7	0	1	0	2
t8	0	0	1	1

图3-29　不同时刻的电路状态

最后，依据推导的电路状态完成状态转化图，如图3-30所示。从图中可以看出，除了"全零"状态，其他状态均在一个循环中，形成一个最长的周期，可确定$P(x)=x^3+x+1$是原始多项式，对应的LFSR电路能够生成最长测试序列。

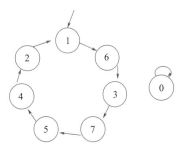

图3-30　状态转化图

同样，可以$P(x)=x^4+x^3+x+1$为例，详细推导该电路所对应的线性反馈移位寄存器及生成的测试向量。

首先，需要根据多项式，建立一个4阶移位寄存器，并标明每个寄存器的标号。其次，根据多项式的系数进行反馈线的连接，如图3-31所示。

然后，根据LFSR电路，整理各个寄存器的次态方程，如图3-32所示。

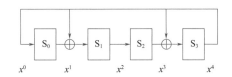

$$S_0^+=S_3$$
$$S_1^+=S_0\oplus S_3$$
$$S_2^+=S_1$$
$$S_3^+=S_2\oplus S_3$$

图3-31　$P(x)=x^4+x^3+x+1$对应的LFSR电路　　图3-32　次态方程

接着，指定一个"非零"初始状态，例如"1"。根据次态方程，完成一个周期的电路状态，如图3-33所示，可以看到该循环从状态"1"开始，经历5个状态又重新返回状态"1"，并没有将除了"非零"状态以外的其他状态都包含在循环内。

因此，接着选择以状态"3"为初始状态，继续根据次态方程，完成一个周期的电路状态，如图3-34所示，可以看到该循环从状态"3"开始，经历2个状态又重新返回状态"3"，并没有将除了"非零"状态以外的其他状态都包含在循环内。

按照相同的思路进行推演，会发现初始状态为"5""7""9"时，电路仍然会形成三个测试向量的循环。结果如图3-35所示。至此，除了"非零"状态以外的其他状态全部覆盖到。

T	S_0	S_1	S_2	S_3	
1	0	0	0	1	1
2	1	1	0	1	13
3	1	0	1	1	11
4	1	0	0	0	8
5	0	1	0	0	4
6	0	0	1	0	2
7	0	0	0	1	

图3-33　测试向量（1）

T	S_0	S_1	S_2	S_3	
1	0	1	0	1	5
2	1	1	1	1	15
3	1	0	1	0	10
4	0	1	0	1	

T	S_0	S_1	S_2	S_3	
1	0	1	1	1	7
2	1	1	1	0	14
3	0	1	1	1	

T	S_0	S_1	S_2	S_3	
1	0	0	1	1	3
2	1	1	0	0	12
3	0	1	1	0	6
4	0	0	1	1	

图3-34　测试向量（2）

T	S_0	S_1	S_2	S_3	
1	1	0	0	1	9
2	1	0	0	1	

图3-35　测试向量（3）

其电路对应的状态转换图如图3-36所示。可以看到，除了"非零"状态以外，该电路生成的测试向量包含在5个循环内，从覆盖率的角度考虑，该电路并不适合用于伪随机测试向量生成电路，也可以看出 $P(x)=x^4+x^3+x+1$ 这个多项式为非原始多项式。

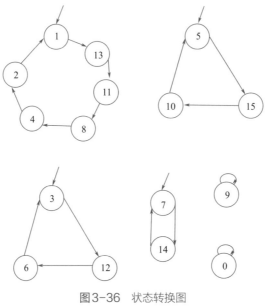

图3-36　状态转换图

3.3　模拟

随着数字集成电路规模的扩大，其设计越来越依赖EDA工具，为了提高设计效率、降低设计成本、加速产品上市，也需要在集成电路开发中使用大量的EDA技术。设计过程实际上也反映了当前技术水平以及EDA工具的运用程度。

而模拟技术则是EDA技术中较为关键的一环。1962年，IBM公司开发了ECAP程序。1972年，加州大学伯克利分校首先推出SPICE，经多年完善已然成为业界标准。20世纪80年代以后，随着CMOS工艺成为集成电路设计的主流，EDA工具功能变得更加强大，几乎都具备模拟、综合、验证等功能。随着集成电路复杂度的提高，验证也成为设计的瓶颈，为确保电路设计的正确性，从普通的功能验证向事务级验证、软硬件协同验证和形式验证等方向发展，基于CPLD/FPGA的仿真技术也成为另外一种非常重要的验证手法。

3.3.1　验证、模拟与仿真

在学习集成电路设计技术的过程中，通常会接触到验证、模拟和仿真这几个概念，很多读者都容易将它们混淆。其实它们之间既有联系，也有区别。

验证（verification）通常指按照电路的说明书，进行指定功能的确认。可以通过软件的方式，也可以通过硬件的方式，在此过程中，验证工程师并不需要了解电路内部结构及其实现方法。根据级别不同，验证方法包括系统级验证、RTL（寄存器传输级）验证、软件验证、网表验证、物理验证等。

模拟（simulation）指的是通过EDA软件的方式，进行电路性能的确认，包括功能模拟和时间模拟。功能模拟用于检查设计模块功能的正确性，时间模拟用于检查设计模块时间的正确性并确认关键路径。EDA工具包括我们熟知的HSPICE、ModelSim、VCS等，根据需求的不同，采用不同的EDA工具进行电路模拟。

仿真（emulation）指的是模仿真实的工作环境，以实际硬件电路为基础进行的电路功能验证。

由此可知，模拟和仿真都可以进行电路功能的验证。模拟偏向于EDA软件，仿真偏向于硬件确认，尤其是可编程器件的发展，基于CPLD/FPGA的仿真应用也日渐流行。

本节主要讨论模拟相关技术。模拟一般是由模拟器（simulator）来完成的，模拟器的实质是程序，采用专门的技术提取设计电路中的信息并进行准确处理。由于电路规模的扩大，电路模拟所需时间也日益增加，采用先进算法可以降低模拟器的模拟时间，提高计算速度，提高电路设计效率。

基于EDA工具的超大规模集成电路设计流程如图3-37所示。其中就包含着逻辑模拟的环节以及之前介绍的自动测试向量生成的环节。

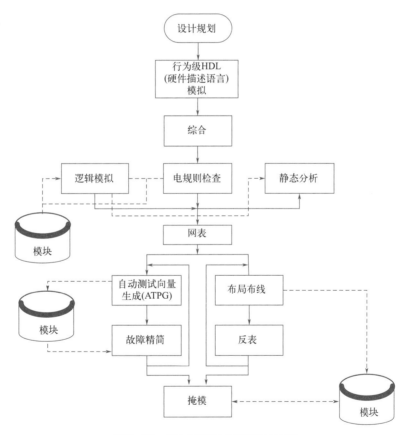

图3-37 超大规模集成电路设计流程

电路模拟需要的典型要素如图3-38所示，包括激励、设计模块、模拟器、库以及响应分析。设计模块是用户将电路原理图以数据结构和程序的方式表达出来，例如网表。激励信号可以是逻辑值、波形图或伪随机测试向量等。不同抽象层级的设计，模拟器采用的库也是不一样的。功能模拟采用的是元器件的逻辑单元，而不需要元器件内部详细的结构信息。结构级模拟所需的库，则包含了一系列标准单元，以及对每个单元的基本逻辑功能的描述，也包含对应的传播延时等信息。晶体管级模拟需要由生产厂家提供库信息。

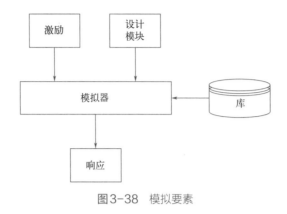

图 3-38　模拟要素

3.3.2　逻辑模拟

逻辑模拟（logic simulation）是常用的设计验证手段，在给定输入向量的条件下预测逻辑电路输出结果，帮助设计人员发现设计中的问题并在调试阶段更好地了解电路功能。可以分为两大类，包括编译模拟（compiled simulation）和事件驱动模拟（event driven simulation）。

编译模拟时，每次模拟器先从测试激励文件中读入原始输入值，然后根据模型，按层次计算出电路中每一个元器件的逻辑值。如图 3-39 所示，该电路由 5 个逻辑门构成，4 输入、1 输出。将所有的原始输入都划分到 0 级，并按照电路连接，标定层级，每一级元件的输入都来自之前序号较低的级。

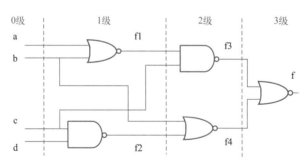

图 3-39　编译模拟案例电路

可根据电路层级整理各个节点的逻辑表达式，根据电路结构或逻辑表达，可完成给定输入下，不同时间各个节点逻辑值的推导，如表 3-4 所示。

可根据各节点逻辑值进行连线，并逆时针旋转 90°，可得到对应波形图，如图 3-40 所示。编译模拟的优势在于速度。缺点主要有两个，一是时序问题，如脉冲干扰、竞争冒险情况发生时，编译模拟是无法预料的，这种情况相对难以处理；二是效率问题，当设计改变时，电路需要重新编译。另外，针对每个测试向量，电路的每个节点都需要进行模拟，而实际上并不是所有节点的逻辑值都变化。编译模拟适用于对于竞争冒险现象不敏感的无延迟组合电路和同步时序电路。

表3-4 不同时间电路各节点逻辑值

时间	0级				1级		2级		3级
	a	b	c	d	f1	f2	f3	f4	f
t0	X	X	X	X	X	X	X	X	X
t1	0	1	1	1	0	0	1	0	0
t2	0	0	1	1	1	0	0	1	0
t3	0	0	0	1	1	1	1	0	0
t4	0	0	1	0	1	1	0	0	1
t5	1	0	1	0	1	0	0	1	0
t6	1	1	0	0	0	0	1	0	0

经数据统计发现，每次输入向量改变，电路中仅有约10%～20%的节点值改变，相较于编译模拟，事件驱动模拟将会更有效率。它是基于这样一种认识，即任何信号的改变必然有一个原因，可以将此原因称为事件。因此一个事件引发新的事件，新的事件可能再次引发更多的事件。我们要跟随信号的变化（事件）进行追踪，仅对输入信号有变化的逻辑门重新估值。大多数仿真算法基于这一最基本概念。

可以将一个信号值在模拟时间 t 中的一个变化称为一个"事件"，如果信号线X上的值发生变化，那么所有具有X信号输入的逻辑门就被激励了，如果一个被激励的门的输出由X信号线上的事件而发生变化，则产生一个新事件。

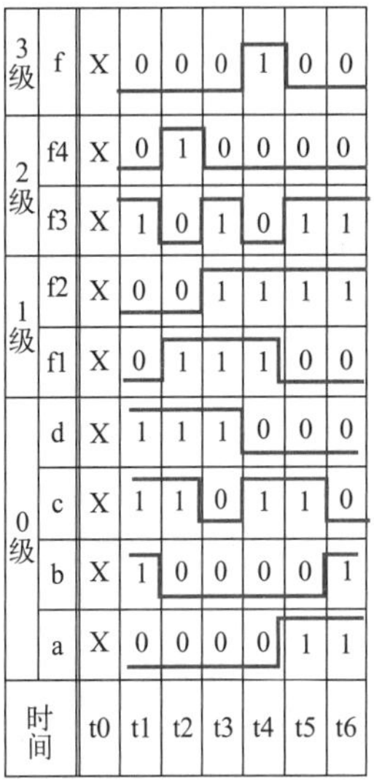

3.3.3 故障模拟

与逻辑模拟类似，使用故障模拟器对故障出现的设计模型施加测试集，进行模拟，然后分析有故障和无故障设计模型的响应，可确定测试给定的故障出现条件、生成测试向量、衡量给定测试向量的效率、生成故障表。

相较于典型模拟要素，故障模拟还需要故障列表，测试集中不仅包含激励，还需要准备对应的无故障响应。故障模拟要素如图3-41所示。将故障列表、测试集以及被测电路输入故障模拟器中，基于电路中常用的逻辑门以及故障模型，分析出结果。

实际中，故障模拟技术包括以下几种：

·串行故障模拟；
·并行故障模拟；
·并发故障模拟；
·演绎故障模拟；

图3-40 编译模拟下波形推演

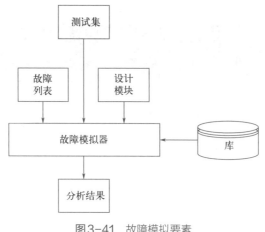

图3-41 故障模拟要素

· 关键路径追踪故障模拟；
· 微分故障模拟。

串行故障模拟是最简单的故障模拟方法，在该方法中，被测电路出故障后可获得一个故障模型，接着用所有测试向量测试该故障，通过结果比对，确认是否能检测指定故障模型。对于电路的每个故障模型，重复该动作。串行故障模拟可以模拟任何引入电路中的故障，如固定故障、桥接、延迟等。并且串行故障模拟器可以轻松地模拟各种故障条件，如时序电路中因故障引起的竞争、初始化冒险丢失等。串行故障模拟的优点就是简单，无须复杂的数据结构，但准备模拟所需的故障电流以及测试数据都需要花费大量的时间，效率相对较低。

并行故障模拟是串行故障模拟的延伸，串行故障模拟一次只能模拟一个故障，并行故障模拟则可以同时处理多个故障，降低了准备故障电路的成本，提高了测试效率。

同逻辑模拟，并行故障模拟依然假定该电路只由逻辑门构成，所有的门具有相同的延时，输入信号为二进制，并且只模拟固定故障。可以利用计算机的字长进行并行故障模拟。

假设计算机字长 N 为16，如图3-42所示，该电路有10个故障节点，共有20个单固定故障。如表3-5所示，第一行为故障列表，其中ff为无故障列，其他列为各节点的单固定故障。对该电路指定测试向量为abcd=1010，首列可根据电路结构推导出各个节点的逻辑表达式。ff列为无故障结果，可根据各节点的逻辑表达式推导出各节点的具体逻辑值。从a/0列开始连续注入14个并行故障，结合各个节点逻辑表达式以及故障注入情况，可推导出各个节点的逻辑值以及最终电路输出，其中方框内逻辑值为故障注入值。最终，可通过无故障输出和故障输出逻辑值的对比，分析出该测试向量可测试的故障有a/0、f1/1、f3/0、f/0，可在表下

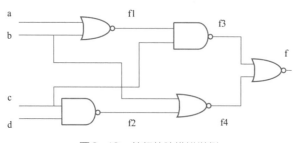

图3-42 并行故障模拟举例

方用"√"标识。

在实际执行过程中，需结合前边章节介绍的知识，进行最小故障集精简后，再利用并行故障模拟，讨论分析指定测试向量可检测故障。

表3-5　不同时间电路各节点逻辑值

	ff	a/0	b/1	c/0	d/1	f1/0	f1/1	f2/0	f2/1	f3/0	f3/1	f4/0	f4/1	f/0	f/1
a=1	1	0	1	1	1	1	1	1	1	1	1	1	1	1	1
b=0	0	0	1	0	0	0	0	0	0	0	0	0	0	0	0
c=1	1	1	1	0	1	1	1	1	1	1	1	1	1	1	1
d=0	0	0	0	0	1	0	0	0	0	0	0	0	0	0	0
f1=!(a+b)	0	1	0	0	0	0	1	0	0	0	0	0	0	0	0
f2=!(c d)	1	1	1	1	1	1	0	1	1	1	1	1	1	1	1
f3=!(c f1)	1	0	1	0	1	1	0	1	0	1	1	1	1	1	1
f4=!(b+f2)	0	0	0	0	0	0	1	0	0	1	0	0	1	0	0
f=f3+f4	1	1	1	1	1	1	1	1	1	1	1	1	1	0	1
		√					√			√			√		

采用并行故障模拟，可以确定指定测试向量集可检测的故障，并计算指定测试向量集的故障覆盖率。也可以在确定故障集后，通过随机测试向量生成的方法确定测试向量。

并行故障模拟器缺乏准确模拟信号上升和下降延迟的能力。这是因为相关电路所有信号的改变需要一起计算。一般来说，一个信号在当前电路上升，同时可能会在另一个电路中下降。因此在并行模拟器中，组合逻辑用零延迟或单位延迟来模拟，时序逻辑用单位延迟来模拟。由于已经将延迟模型理想化，因此模拟器中需要包含特殊的算法来处理竞争故障。

并行故障模拟器可以采用编译代码或事件驱动方式来实现。算法能够扩展到多值逻辑的模拟。比如四状态（0,1,X,Z）可以用两位编码实现。真值逻辑模拟器可通过简单的故障注入实现。作为并行故障模拟的案例，可参考图3-43和图3-44。该电路由一个与门、非门、或门构成。假设计算机字长为3，最左侧第0位无故障位，第1位注入故障c/0，第2位注入故障f/1。如图3-43所示，指定测试向量ab为11时，各个节点的逻辑值变化如图所示，从输出端可以看出，无故障输出为1，故障c/0对应的输出为0，与无故障输出不一致，因此可得出结论，测试向量11可测试故障c/0。同理，图3-44中，可以得出测试向量01，可测试故障f/1。

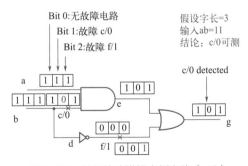

图3-43　并行故障模拟案例电路（c/0）

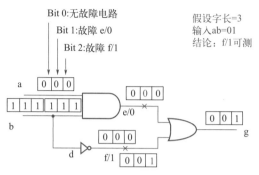

图3-44 并行故障模拟案例电路（f/1）

由于并行故障模拟算法清晰，适合用EDA工具实现。图3-45为Synopsys公司的ATPG工具TetraMAX的执行结果。

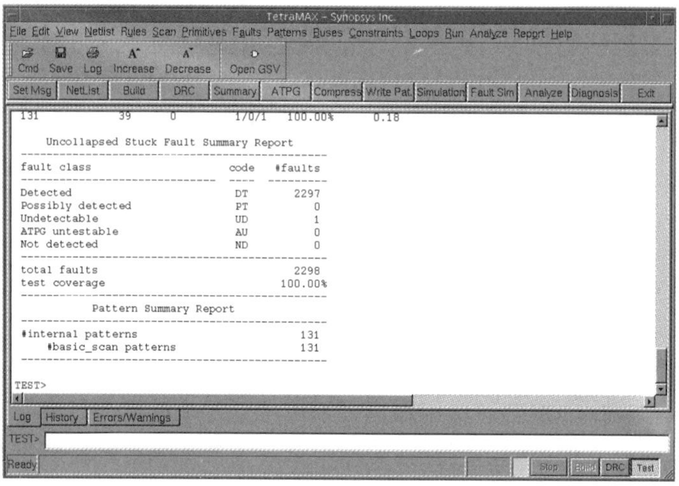

图3-45 基于ATPG工具的故障模拟

前文介绍了ATPG测试向量生成方法，需要基于理想情况，找出给定电路模型的一个最小故障集，针对每个故障，用ATPG方法找出其测试向量（可能是一个、多个或不可测），并压缩所得到的全部测试向量，得到一个覆盖全部故障的最小测试向量集。

本节又介绍了基于故障模拟的测试向量生成方法，在理想情况下，找出给定电路模型的一个最小故障集，随机（实际应用中通常使用伪随机方法）生成一个测试向量，用故障模拟法找出该向量可测试的故障集中的全部故障，并将这些故障从故障集中删除，重复这一步骤，直至故障集为空（理想情况），或故障集不再减小。所使用的随机测试向量构成该电路的测试向量集。

这两种方法各有利弊，ATPG测试向量生成方法生成的测试向量集相对精简，但比较耗费时间。基于故障模拟的测试向量生成方法生成的测试向量集不够精简，但速度较快。那么业界是如何生成测试向量的呢？

首先，需要基于理想情况，找出给定电路模型的一个最小故障集。使用基于故障模拟的测试向量生成方法，找出覆盖大多数故障（约90%）的测试向量集。接着使用ATPG方法，找出剩余难测故障的测试向量集。最终的电路测试向量集为并行故障模拟测试向量集与ATPG测试向量集的合集。

接下来，依然以我们的"老朋友"——二选一数据选择器为例，说明业界如何生成测试向量。首先如图3-46所示，基于理想情况，找出给定电路模型的一个最小故障集。

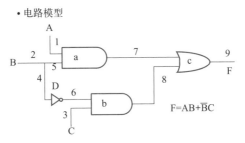

找出给定电路模型的一个最小故障集
{1/0,1/1,2/0,2/1,3/0, 3/1,4/0,5/1}

图3-46　二选一数据选择器的精简故障集（1）

接下来，使用基于故障模拟的测试向量生成方法，找出覆盖大多数故障的测试向量集，如图3-47～图3-49所示。分别以测试向量011、001和000进行并行故障模拟，可覆盖最小故障集中的6个故障。

• 随机测试向量ABC(1,2,3)=011

向量	ff	1/0	1/1	2/0	2/1	3/0	3/1	4/0	5/1
1	0	[0]	[1]	0	0	0	0	0	0
2	1	1	1	[0]	[1]	1	1	1	1
3	1	1	1	1	1	[0]	[1]	1	1
4=2	1	1	1	1	0	1	1	[0]	1
5=2	1	1	1	1	0	1	1	1	[1]
6=!4	0	0	0	0	1	0	0	1	0
7=1*5	0	0	0	1	0	0	0	1	0
8=3*6	0	0	0	0	1	0	0	1	0
9=7+8	0	0	0	1	1	0	0	1	0
		√	√					√	

• 最小故障集
{1/0,~~1/1~~, ~~2/0~~, 2/1,3/0, 3/1,~~4/0~~,5/1}

• 故障模拟测试向量集
{011}

图3-47　二选一数据选择器的精简故障集（2）

• 随机测试向量ABC(1,2,3)=001

向量	ff	1/0	1/1	2/0	2/1	3/0	3/1	4/0	5/1
1	0	[0]	[1]	0	0	0	0	0	0
2	0	0	0	[0]	[1]	0	0	0	0
3	1	1	1	1	1	[0]	[1]	1	1
4=2	0	0	0	0	1	0	0	[0]	0
5=2	0	0	0	0	1	0	0	0	[1]
6=!4	1	1	1	1	0	1	1	1	1
7=1*5	0	0	0	0	0	0	0	0	0
8=3*6	1	1	1	1	0	1	1	1	1
9=7+8	1	1	1	1	0	1	1	1	1
				√	√				

• 最小故障集
{1/0,~~1/1~~, ~~2/0~~, ~~2/1~~,3/0, 3/1,~~4/0~~,5/1}

• 故障模拟测试向量集
{011,001}

图3-48　二选一数据选择器的精简故障集（3）

• 随机测试向量ABC(1,2,3)=000

向量	ff	1/0	1/1	2/0	2/1	3/0	3/1	4/0	5/1
1	0	[0]	[1]	0	0	0	0	0	0
2	0	0	0	[0]	[1]	0	0	0	0
3	0	0	0	0	0	[0]	[1]	0	0
4=2	0	0	0	0	0	1	0	[0]	0
5=2	0	0	0	0	0	1	0	0	[1]
6=!4	1	1	1	1	1	0	1	1	1
7=1*5	0	0	0	0	0	0	0	0	0
8=3*6	0	0	0	0	0	0	1	0	0
9=7+8	0	0	0	0	0	0	1	0	0
							√		

• 最小故障集
{1/0,~~1/1~~, ~~2/0~~, ~~2/1~~,3/0, ~~3/1~~,~~4/0~~,5/1}

• 故障模拟测试向量集
{011,001,000}

图3-49　二选一数据选择器的精简故障集（4）

剩余的两个故障，可使用ATPG方法找出剩余难测故障的测试向量集，如图3-50和图3-51所示。

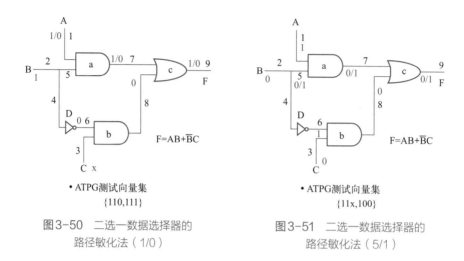

图3-50　二选一数据选择器的
路径敏化法（1/0）

图3-51　二选一数据选择器的
路径敏化法（5/1）

最终的电路测试向量集为并行故障模拟测试向量集与ATPG测试向量集的合集。并行故障模拟的测试向量集为{011, 001, 000}，ATPG测试向量集为{100, 11x}，因此合集为{011, 001, 000, 100, 11x}。相较于单纯的ATPG方法导出的测试向量集，该方法生成的测试向量集略显冗余，但随着电路规模的扩大，可大幅降低测试向量的生成时间。因此，业界更多采用这种混合式测试向量生成方法。

3.4　实例

3.4.1　自动测试向量生成EDA工具

TetraMAX是Synopsys公司提供的一款测试向量生成工具。新款TetraMAX Ⅱ提供了创新性和突破性的测试技术，满足客户对更快ATPG和诊断的需求，以及减少硅晶测试时间。所以TetraMAX Ⅱ已经被许多国际厂商接纳，应用于提升芯片测试的效率，加快芯片推向市面的时间。

TetraMAX和其他的ATPG工具相比，最大的区别在于TetraMAX不需要一个单独的ATPG专用库的支持，完全依靠标准的仿真库就可以进行工作。这个专利设计一方面减轻了生产工厂需要维护两套不同库的压力，另一方面也消除了由于仿真库与ATPG库不一致给设计工作带来的麻烦。TetraMAX并不直接调用仿真单元库进行工作，而是对读入的设计建立由ATPG基本单元（ATPG primitive）表示的模型，这个模型只包括与测试向量生成有关的信息，而滤去了仿真库中与其无关的内容。TetraMAX支持组合ATPG和时序ATPG。对于时序ATPG，还可以通过指定时序深度（capture depth），有选择地进行快速时序ATPG（fast sequential ATPG）。对测试向量生成的结果，TetraMax还提供了静态、动态压缩算法，可以在不损失故障覆盖率的前提下压缩测试向量的数量，以提高测试在ATE设备上进行的速度。

若要使 TetraMAX 成功生成 ATPG，设计必须包含以下信息：时钟端口、异步复位端口、扫描链输入/输出端口、测试模式端口、测试使能端口、全局控制双向驱动端口。使用该工具生成测试向量的过程如图 3-52 所示。主要包含以下步骤。

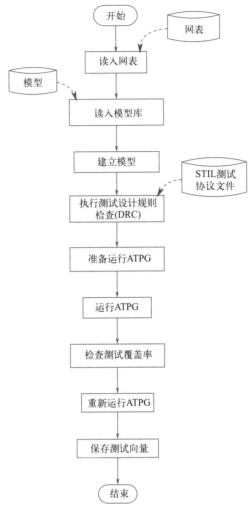

图3-52　ATPG设计流程

① 根据需要，预处理网表来符合 TetraMAX 的要求；

② 读网表文件；

③ 读库模型；

④ 建立 ATPG 设计模型；

⑤ 读入 STIL（标准测试接口语言）测试协议文件，进行测试设计规则检查（DRC），同时进行必要的修改；

⑥ 准备 ATPG 设计，建立故障列表，分析连接线，建立 ATPG 选项；

⑦ 运行自动测试向量生成命令；

⑧ 根据测试覆盖率确认是否有必要重新运行 ATPG；

⑨ 测试向量压缩；

⑩ 保存测试向量和故障列表。

TetraMAX 既可以通过执行脚本文件来完成工作，也可以通过直观的图形界面工作。其图形界面的主要窗口如图3-53所示，主要由菜单栏、快捷键按钮、命令工具栏、信息栏窗口和命令栏构成。

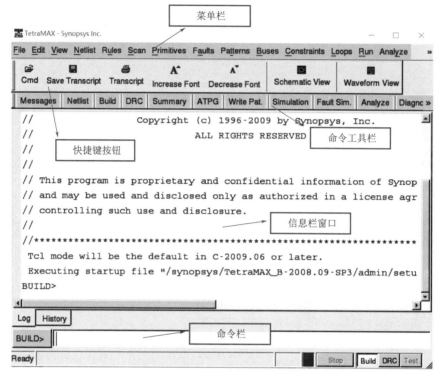

图3-53 TetraMAX图形界面

命令工具栏是整个TetraMAX流程的集合，自左向右排列，分别代表了ATPG过程中的每一步命令。这些按钮提供了一个快速和便利的选择。

信息栏窗口为只读窗口，不可修改，它显示命令产生的结果及输入的命令，是TetraMAX 执行时的一个记录。这个窗口有下列一些编辑特性：复制、查找、查找下一个、保存、打印和清除。

命令栏是命令输入行，习惯输入命令的设计者可以通过这里来完成工作。其中，最左侧显示当前工作状态，用来标识ATPG工作进行到哪个阶段，顺序依次为BUILD、DRC、TEST。

工具右下方提供Stop按钮，如果TetraMAX空闲，这个按钮会变为灰色，若处理命令，这个按钮会标识为Stop，按下这个按钮即会停止当前命令的处理，这个过程需要几秒。

3.4.2 自动测试向量生成实例

■ （1）认识案例电路

如图3-54所示，该案例电路是三输入一输出的时序电路，由三个异或门以及两个D触发器构成。为了顺利使用EDA工具生成测试向量，电路中还准备了SI、test_en、SO三个端口。原因将在第4章展开解释，此处暂不赘述。

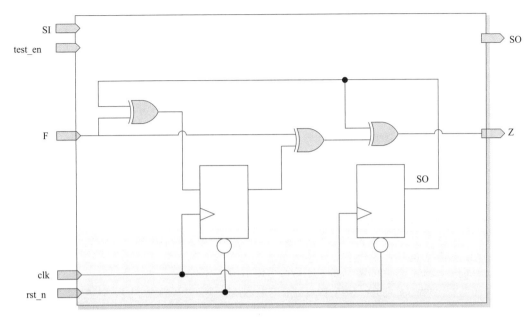

图3-54　自动测试向量生成案例电路图

■ （2）描述电路

使用Verilog硬件描述语言对该电路进行描述，对应代码如图3-55所示。其中，xr02d1为异或门、sdnrq1为D触发器，这些器件可从库文件中调用。

```
1    module full_scan(rst_n,F,SI,test_en,SO,clk,Z);
2
3    input rst_n;
4    input F,SI,test_en,clk;
5    output Z,SO;
6
7    wire Y1,y1,Y2;
8
9    xr02d1 uu1(.A1(SO),.A2(F),.Z(Y1));
10   xr02d1 uu2(.A1(F),.A2(y1),.Z(Y2));
11   xr02d1 uu3(.A1(SO),.A2(Y2),.Z(Z));
12
13   sdnrq1 uu4(.D(Y1),.RST_N(rst_n),.CP(clk),.Q(y1));
14   sdnrq1 uu5(.D(Y2),.RST_N(rst_n),.CP(clk),.Q(SO));
15
16   endmodule
```

图3-55　代码详情

■ （3）插入扫描链

执行扫描链插入操作，此处仅介绍必要操作，相关具体信息将在第4章中展开介绍。输入以下命令，启动DC工具，启动画面如图3-56所示。

```
dc_shell-t
```

```
                    Initializing...
                    dc_shell>
```

图3-56 DC工具启动界面

■（4）读入设计

可采用read_verilog命令分步读入设计，命令如下所示，界面如图3-57所示。

```
dc_shell> read_verilog  ../src/full_scan.v
dc_shell> read_verilog  ../src/sdnrq1.v
dc_shell> read_verilog  ../src/xr02d1.v
```

```
Detecting input file type automatically (-rtl or -netlist).
Running DC verilog reader
Reading with Presto HDL Compiler (equivalent to -rtl option).
Running PRESTO HDLC
Compiling source file /home/zhang_xx/DFT_M/src/xr02d1.v
Warning:    /home/zhang_xx/DFT_M/src/xr02d1.v:19: The ''delay_mode_path' directive
is not supported and will be ignored. (VER-939)
Warning:    /home/zhang_xx/DFT_M/src/xr02d1.v:44: The 'specify' construct is not
supported.  It will be ignored. (VER-104)
Warning:    /home/zhang_xx/DFT_M/src/xr02d1.v:40: The delay specification for gate
instantiation is ignored. (VER-970)
Presto compilation completed successfully.
Current design is now '/home/zhang_xx/DFT_M/src/xr02d1.db:xr02d1'
Loaded 1 design.
Current design is 'xr02d1'.
xr02d1
dc_shell>
```

图3-57 读入设计文件界面

■（5）插入扫描链

可将扫描链插入命令整理至脚本中调用，命令如下所示，界面如图3-58所示。

```
dc_shell> source  dc.scr
```

```
ELAPSED           WORST NEG TOTAL NEG  DESIGN
   TIME    AREA     SLACK     SLACK    RULE COST         ENDPOINT
--------- --------- --------- --------- --------- -------------------------
  0:00:03    78.0     0.00       0.0       1.0 test_en
  0:00:03    87.6     0.00       0.0       0.0 y1
```

```
Writing ddc file '../output/scanned_v1.ddc'.
Writing verilog file '/home/zhang_xx/DFT_M/output/scanned_v1.v'.
Writing test protocol file '/home/zhang_xx/DFT_M/output/scanned_v1.spf' for mode 'Internal_
scan'...
Generating Scan Def....
Information: Annotated 'cell' delays are assumed to include load delay. (UID-282)
Information: Writing timing information to file '/home/zhang_xx/DFT_M/output/scanned_
```

```
v1.sdf'. (WT-3)
  Information: Defining new variable 'hlo_collapse_intermediate_hardware_alts'.(CMD-041)
  Information: Defining new variable 'test_enable_dft_drc'.(CMD-041)
  1
dc_shell>
```

图3-58　插入扫描链界面

■ （6）完成扫描链插入并退出

完成扫描链电路插入，输入以下命令，退出DC工具，界面如图3-59所示。

```
    dc_shell> exit
```

```
Information: Defining new variable 'test_enable_dft_drc'.(CMD-041)
1
dc_shell> exit

Memory usage for this session 67 Mbytes.
CPU usage for this session 2 seconds.


Thank you…
```

图3-59　DC工具退出界面

当退出DC界面后，在结果文件中确认修改后的电路代码，见图3-60。重点确认模块名称及电路基本连接无误。

```
2    module full_scan ( rst_n, F, SI, test_en, SO, clk, Z );
3      input rst_n, F, SI, test_en, clk;
4      output SO, Z;
5      wire   Y1, y1, Y2, n17, n3, n4, n5, n6, n7, n8, n9, n10, n11, n12, n13, n14,
6             n15, n20, n21, n22, n23, n24, n25;
7
8      sdcrq1 uu4_Q_reg ( .D(Y1), .SD(SI), .SC(n24), .CP(clk), .CDN(n15), .Q(y1) );
9      sdcrq1 uu5_Q_reg ( .D(n9), .SD(n22), .SC(n25), .CP(clk), .CDN(n14), Q(n17)
10          );
11     clk2d2 U6 ( .CLK(n17), .CN(n5), .C(n3) );
12     inv0d0 U7 ( .I(n3), .ZN(n4) );
13     clk2d2 U8 ( .CLK(Y2), .CN(n8), .C(n6) );
14     inv0d0 U9 ( .I(n6), .ZN(n7) );
15     xr02d4 U10 ( .A1(n4), .A2(n7), .Z(Z) );
16     inv0d1 U11 ( .I(n8), .ZN(n9) );
17     clk2d2 U12 ( .CLK(F), .CN(n10), .C(n11) );
18     inv0d1 U13 ( .I(n10), .ZN(n12) );
19     clk2d2 U14 ( .CLK(rst_n), .CN(n13), .C(n15) );
20     inv0d1 U15 ( .I(n13), .ZN(n14) );
21     inv0d4 U16 ( .I(n5), .ZN(SO) );
22     xr02d1 U17 ( .A1(n11), .A2(n21), .Z(Y2) );
23     xr02d1 U18 ( .A1(SO), .A2(n12), .Z(Y1) );
```

图3-60

```
24    clk2d2 U19 ( .CLK(y1), .CN(n20), .C(n21) );
25    inv0da U20 ( .I(n20), .ZN(n22) );
26    clk2d2 U21 ( .CLK(test_en), .CN(n23), .C(n24) );
27    inv0da U22 ( .I(n23), .ZN(n25) );
28    endmodule
```

图3-60 插入扫描链后的电路代码

■ （7）启动TetraMAX

在完成扫描链插入的基础上，可以启动TetraMAX工具，进行自动测试向量生成。启动命令如下所示，启动界面如图3-61所示。

```
tmax
```

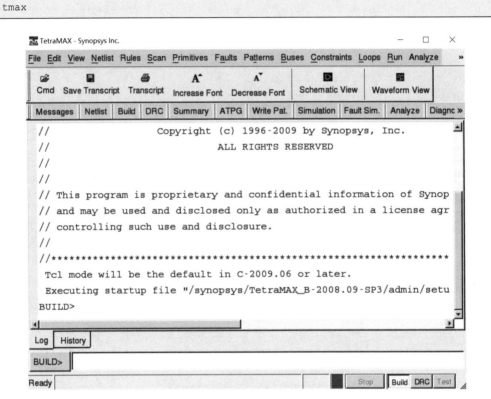

图3-61 TetraMAX启动界面

■ （8）读入设计网表

通过read_netlist命令，读入之前生成的网表文件，参考命令如下，界面如图3-62所示。注意：不同开发环境中，文件路径不相同。

```
BUILD> read_netlist ../output/scanned_v1.v
```

■ （9）读入库文件

通过read_netlist命令，读入指定模型库以及I/O库，参考命令如下，界面如图3-63所示。

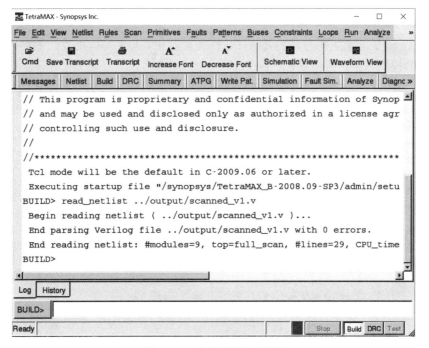

图3-62　读入设计网表界面

注意：库文件路径应与开发环境相匹配。必须读入所有和设计相关的Verilog库模型，可以一次读入一个模型，也可一次读入整个库。

```
BUILD> read_netlist -library /opt/CSM/2004.12/csm35/v1.0/verilog/CSM35OS142/zero/*.v
BUILD> read_netlist -library /opt/CSM/2004.12/csm35/v1.0/verilog/CSM35IO122/zero/*.v
```

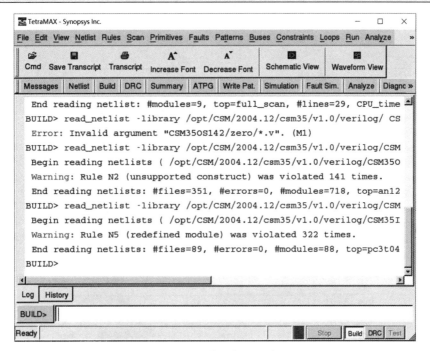

图3-63　读入模型库及I/O库界面

■ （10）构造ATPG模型

输入以下命令，工具将自动构造ATPG模型。其中，full_scan是设计的名字或者想建立ATPG模型的模块名字，界面如图3-64所示。

```
BUILD> run_build_model full_scan
```

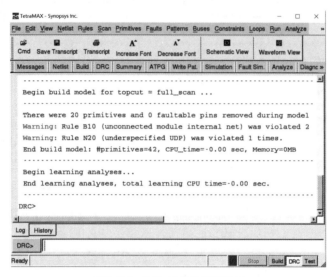

图3-64　构造ATPG模型界面

■ （11）设置测试协议文件

输入以下命令，工具将自动指定测试协议文件。注意：不同的开发环境，文件路径可能会不一样。scanned_v1.spf是由DFT Compiler生成给TetraMAX或由测试工程师自行编写的一份STIL测试协议文件。界面如图3-65所示。

```
DRC> set_drc ../output/scanned_v1.spf
```

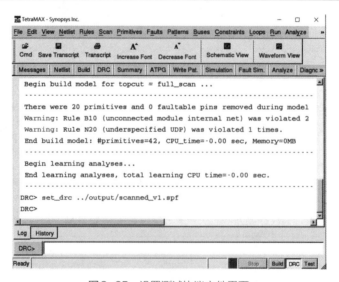

图3-65　设置测试协议文件界面

■ （12）DRC检查

输入以下命令，工具将自动进行设计规则确认。DRC检查后，TetraMAX产生一份报告并列出DRC违反规则，界面如图3-66所示。

```
DRC> run_drc
```

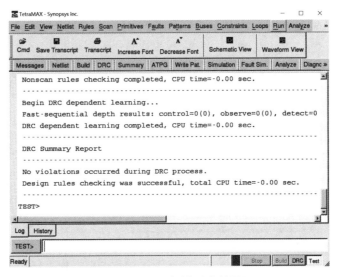

图3-66 设置测试协议文件界面

■ （13）故障模式

输入以下命令，工具将指定故障模式，当前设置为所有故障模型均分析。在产生测试向量之前，必须初始化故障列表。该命令是为了产生一份新的包含ATPG设计模型中的所有可能故障点的故障列表。工具显示界面如图3-67所示。

```
TEST> add_faults -all
```

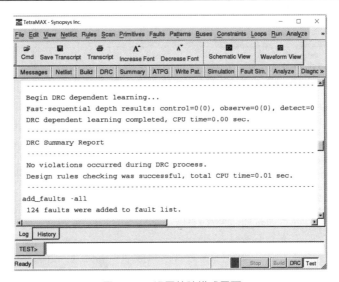

图3-67 设置故障模式界面

■ （14）提高覆盖率

为确保生成测试向量的覆盖率，需要输入以下指令。界面如图3-68所示。注意：数字
2000可以根据电路的规模适当增大或减小。

```
TEST> set_atpg -abort 2000
```

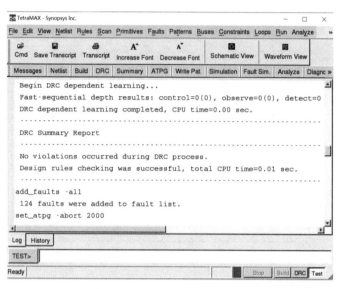

图3-68　设置提高覆盖率界面

■ （15）自动测试向量生成，运行ATPG

输入以下命令，工具将自动生成测试向量。界面如图3-69所示。

```
TEST> run_atpg
```

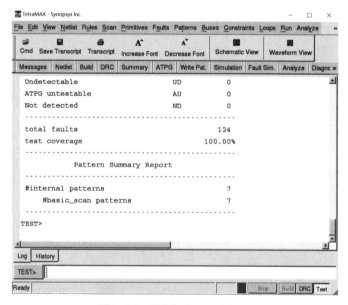

图3-69　设置提高覆盖率界面

■（16）保存结果

输入以下命令，工具将自动保存结果以及自动生成的测试激励文件，界面如图3-70所示。注意：命令中的路径可根据开发环境更改。第一行命令中 -replace 表示用执行时新生成的 stil 文件把原来的文件替换掉。生成的 stil 文件与 DFTCompiler 转交过来的 .spf 文件的格式一样，都是采用 stil 语言描述，所不同的是增加 pattern（向量）部分，给出了各个测试 pattern 的具体细节。通过第四行命令可以给出一个设计可能存在的故障列表，并把每个故障分类，也可以把这些故障写入一个文件进行分析。

```
TEST> write_patterns  ../output/pattern.stil -replace -format stil
TEST> write_patterns  ../output/pattern.wgl -format WGL -serial -replace
TEST> write_patterns  ../output/pattern.v -replace -format Verilog
TEST> write_faults  ../output/faults.AU -replace -class au
```

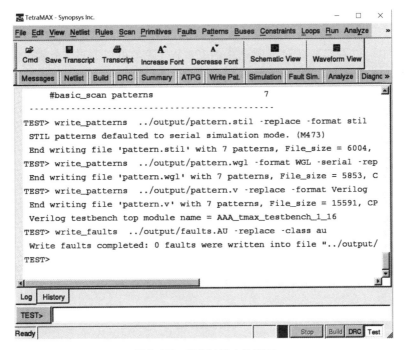

图3-70　保存结果文件界面

■（17）退出TetraMAX

完成自动生成测试向量，输入以下命令，退出 TetraMAX 工具。

```
TEST> exit
```

此时，通过 TetraMAX 工具，已经自动地生成了案例电路的测试向量。可以在结果文件中寻找后缀为 wgl 的文件进行确认。文件内容如下所示。

由图3-71中可以看出，这个报告是一份故障总结报告，第二列为第一列故障类型的简写形式，针对案例电路的124个故障，均为"Detected"类型，全部能够被检测。测试覆盖率为100%。

```
31    # scanchain inversion reference is set to master
32
33    #      Uncollapsed Stuck Fault Summary Report
34    # -----------------------------------------------
35    # fault class                  code    #faults
36    # --------------------------   ----    --------
37    # Detected                     DT         124
38    # Possibly detected            PT           0
39    # Undetectable                 UD           0
40    # ATPG untestable              AU           0
41    # Not detected                 ND           0
42    # -----------------------------------------------
43    # total faults                            124
44    # test coverage                        100.00%
45    # -----------------------------------------------
```

图3-71　故障总结报告

由图3-72中可以看出，针对案例电路的124个故障，可以通过7个测试向量全部检出。相比人工分析，效率更高。

```
46    #
47    #              Pattern Summary Report
48    # -----------------------------------------------
49    # #internal patterns                        7
50    #     #basic_scan patterns                  7
51    # -----------------------------------------------
```

图3-72　测试向量总结报告

在图3-73中，规定了测试相关信号的定义，和案例电路相匹配，一共有7个信号。其中clk为时钟信号，rst_n为复位信号。

```
71    signal
72        "rst_n" : input;
73        "F" : input;
74        "SI" : input;
75        "test_en" : input;
76        "SO" : output;
77        "clk" : input;
78        "Z" : output;
79    end
```

图3-73　测试信号定义

在图3-74中，定义了测试状态，共有16个状态。

```
100    scanstate
101        { non_tester_ready_master_data }
102        { scan_test }
103        "1U0" := "1G"(XX);
```

```
104        "1L0" := "1G"(00);
105        "1U1" := "1G"(00);
106        "1L1" := "1G"(10);
107        "1U2" := "1G"(00);
108        "1L2" := "1G"(01);
109        "1U3" := "1G"(01);
110        "1L3" := "1G"(00);
111        "1U4" := "1G"(00);
112        "1L4" := "1G"(11);
113        "1U5" := "1G"(00);
114        "1L5" := "1G"(11);
115        "1U6" := "1G"(00);
116        "1L6" := "1G"(10);
117        "1U7" := "1G"(10);
118        "1L7" := "1G"(00);
119    end
```

图3-74　测试状态定义

图3-75展示了部分状态下施加的测试向量以及期待值，通过观测值和期待值的比较，可以快速准确判断电路是否存在故障。

```
121    pattern group_ALL ( "rst_n", "F", "SI", "test_en", "clk", "SO", "Z" )
122        { test_setup }
123        vector("_default_WFT_") := [ 1 X X X 0 X X ];
124        vector("_default_WFT_") := [ 1 X X X 0 X X ];
125        { scan_test }
126        { pattern 0 basic_scan chain_test }
127        { load_unload }
128        vector("_default_WFT_") := [ 1 X X 1 0 X X ];
129          scan("_default_WFT_") := [ 1 X - 1 1 - X ],
130        output ["1":"1U0"], input ["1":"1L0"];
131        { capture }
132        vector("_default_WFT_") := [ 1 1 X 1 0 X X ];
133        vector("_default_WFT_") := [ 1 1 X 1 0 0 1 ];
134        { pattern 1 basic_scan }
135        { load_unload }
136        vector("_default_WFT_") := [ 1 1 X 1 0 X X ];
137          scan("_default_WFT_") := [ 1 1 - 1 1 - X ],
138        output ["1":"1U1"], input ["1":"1L1"];
139        { capture_rst_n }
140        vector("_default_WFT_") := [ 1 0 1 0 0 X X ];
141        vector("_default_WFT_") := [ 1 0 1 0 0 1 1 ];
142        vector("_default_WFT_") := [ 0 0 1 0 0 X X ];
143        { pattern 2 basic_scan }
144        { load_unload }
145        vector("_default_WFT_") := [ 1 0 1 1 0 X X ];
146          scan("_default_WFT_") := [ 1 0 - 1 1 - X ],
```

图3-75

```
147        output ["1":"1U2"], input ["1":"1L2"];
148        { capture_clk }
149        vector("_default_WFT_") := [ 1 1 1 0 0 X X ];
150        vector("_default_WFT_") := [ 1 1 1 0 0 0 0 ];
151        vector("_default_WFT_") := [ 1 1 1 0 1 X X ];
152        { pattern 3 basic_scan }
153        { load_unload }
154        vector("_default_WFT_") := [ 1 1 1 1 0 X X ];
155          scan("_default_WFT_") := [ 1 1 - 1 1 - X ],
156        output ["1":"1U3"], input ["1":"1L3"];
157        { capture_clk }
158        vector("_default_WFT_") := [ 1 0 1 0 0 X X ];
159        vector( "_default_WFT_" ) := [ 1 0 1 0 0 0 0 ];
```

图3-75 部分测试向量及期待值

除此之外，还将获得一份后缀为stil的激励文件。详细内容如图3-76～图3-78所示。

```
1    STIL 1.0 { Design 2005; }
2    Header {
3      Title "  TetraMAX (TM)  B-2008.09-SP3-i090115_205836 STIL output";
4      Date "Tue Oct 25 14:19:14 2022";
5      Source "Minimal STIL for design `full_scan'";
6      History {
7          Ann {*  Tue Sep 27 15:26:58 2022  *}
8          Ann {*  DFT Compiler B-2008.09  *}
9          Ann {*     Uncollapsed Stuck Fault Summary Report *}
10         Ann {* -------------------------------------------- *}
11         Ann {* fault class                 code   #faults *}
12         Ann {* ---------------------       ----  --------- *}
13         Ann {* Detected                    DT       124 *}
14         Ann {* Possibly detected           PT         0 *}
15         Ann {* Undetectable                UD         0 *}
16         Ann {* ATPG untestable             AU         0 *}
17         Ann {* Not detected                ND         0 *}
18         Ann {* -------------------------------------------- *}
19         Ann {* total faults                         124 *}
20         Ann {* test coverage                     100.00% *}
21         Ann {* -------------------------------------------- *}
22         Ann {*  *}
23         Ann {*              Pattern Summary Report *}
24         Ann {* -------------------------------------------- *}
25         Ann {* #internal patterns                     7 *}
26         Ann {*    #basic_scan patterns                7 *}
27         Ann {* -------------------------------------------- *}
28         Ann {*  *}
29         Ann {* rule  severity  #fails  description *}
30         Ann {* ----  --------  ------  ------------------------------ *}
31         Ann {* N2    warning      141  unsupported construct *}
32         Ann {* N5    warning      322  redefined module *}
```

```
33          Ann {* N20    warning        1  underspecified UDP *}
34          Ann {* B10    warning        2  unconnected module internal net *}
35          Ann {*  *}
36          Ann {* clock_name          off  usage *}
37          Ann {* ---------------  ---  ------------------------- *}
38          Ann {* clk                 0    master shift  *}
39          Ann {* rst_n               1    master reset  *}
40          Ann {*  *}
41          Ann {* There are no constraint ports *}
42          Ann {* There are no equivalent pins *}
43          Ann {* There are no net connections *}
44          Ann {* Unified STIL Flow *}
45          Ann {* min_n_shifts = 0 *}
46          Ann {* n_shifts = 0 *}
47          Ann {* serial_flag = 1 *}
48       }
49    }
50    Signals {
51        "rst_n" In; "F" In; "SI" In { ScanIn; } "test_en" In; "clk" In; "SO" Out { ScanOut;
52        } "Z" Out;
53    }
54    SignalGroups {
55        "_pi" = '"F" + "SI" + "clk" + "rst_n" + "test_en"'; // #signals=5
56        "_in" = '"rst_n" + "F" + "SI" + "test_en" + "clk"'; // #signals=5
57        "all_inputs" = '"F" + "SI" + "clk" + "rst_n" + "test_en"'; // #signals=5
58        "_po" = '"SO" + "Z"'; // #signals=2
59        "_si" = '"SI"' { ScanIn; } // #signals=1
60        "all_outputs" = '"SO" + "Z"'; // #signals=2
61        "all_ports" = '"all_inputs" + "all_outputs"'; // #signals=7
62        "_clk" = '"clk" + "rst_n"'; // #signals=2
63        "_so" = '"SO"' { ScanOut; } // #signals=1
64        "_out" = '"SO" + "Z"'; // #signals=2
65    }
```

图3-76 测试协议文件内容（1）

```
66    Timing {
67        WaveformTable "_default_WFT_" {
68            Period '100ns';
69            Waveforms {
70                "all_inputs" { 0 { '0ns' D; } }
71                "all_inputs" { 1 { '0ns' U; } }
72                "all_inputs" { Z { '0ns' Z; } }
73                "all_inputs" { N { '0ns' N; } }
74                "all_outputs" { X { '0ns' X; '40ns' X; } }
75                "all_outputs" { H { '0ns' X; '40ns' H; } }
76                "all_outputs" { L { '0ns' X; '40ns' L; } }
77                "all_outputs" { T { '0ns' X; '40ns' T; } }
```

图3-77

```
78            "clk" { P { '0ns' D; '45ns' U; '55ns' D; } }
79            "rst_n" { P { '0ns' U; '45ns' D; '55ns' U; } }
80          }
81       }
82    }
83    ScanStructures {
84       ScanChain "1" {
85          ScanLength 2;
86          ScanIn "SI";
87          ScanOut "SO";
88          ScanInversion 0;
89          ScanCells "full_scan.uu4_Q_reg.SD" "full_scan.uu5_Q_reg.SD" ;
90          ScanMasterClock "clk" ;
91       }
92    }
93    PatternBurst "_burst_" {
94       PatList { "_pattern_" {
95          }
96    }}
97    PatternExec {
98       PatternBurst "_burst_";
99    }
100   Procedures {
101      "capture" {
102          W "_default_WFT_";
103          C { "all_inputs"=NN01N; "all_outputs"=XX; }
104          V { "_pi"=#####; }
105          V { "_po"=##; }
106      }
107      "capture_clk" {
108          W "_default_WFT_";
109          C { "all_inputs"=NN01N; "all_outputs"=XX; }
110          "forcePI": V { "_pi"=#####; }
111          "measurePO": V { "_po"=##; }
112          C { "SO"=X; "Z"=X; }
113          "pulse": V { "clk"=P; }
114      }
115      "capture_rst_n" {
116          W "_default_WFT_";
117          C { "all_inputs"=NN01N; "all_outputs"=XX; }
118          "forcePI": V { "_pi"=#####; }
119          "measurePO": V { "_po"=##; }
120          C { "SO"=X; "Z"=X; }
121          "pulse": V { "rst_n"=P; }
122      }
```

图3-77　测试协议文件内容（2）

```
123        "load_unload" {
124            W "_default_WFT_";
125            C { "all_inputs"=NN01N; "all_outputs"=XX; }
126             "Internal_scan_pre_shift": V { "_clk"=01; "_si"=N; "_so"=X; "test_en"
=1; }
127            Shift {           W "_default_WFT_";
128                V { "_clk"=P1; "_si"=#; "_so"=#; }
129            }
130        }
131    }
132    MacroDefs {
133        "test_setup" {
134            W "_default_WFT_";
135            C { "all_inputs"=NNNNN; "all_outputs"=XX; }
136            V { "clk"=0; "rst_n"=1; }
137            V { }
138        }
139    }
140    Pattern "_pattern_" {
141        W "_default_WFT_";
142        "precondition all Signals": C { "_pi"=00000; "_po"=XX; }

143        Macro "test_setup";
144        Ann {* chain_test *}
145        "pattern 0": Call "load_unload" {
146            "SI"=00; }
147        Call "capture" {
148            "_pi"=1N011; "_po"=LH; }
149        "pattern 1": Call "load_unload" {
150            "SO"=LL; "SI"=10; }
151        Call "capture_rst_n" {
152            "_pi"=01010; "_po"=HH; }
153        "pattern 2": Call "load_unload" {
154            "SO"=LL; "SI"=01; }
155        Call "capture_clk" {
156            "_pi"=11010; "_po"=LL; }
157        "pattern 3": Call "load_unload" {
158            "SO"=LH; "SI"=00; }
159        Call "capture_clk" {
160            "_pi"=01010; "_po"=LL; }
161        "pattern 4": Call "load_unload" {
162            "SO"=LL; "SI"=11; }
163        Call "capture_clk" {
164            "_pi"=10010; "_po"=HH; }
165        "pattern 5": Call "load_unload" {
166            "SO"=LL; "SI"=11; }
167        Call "capture_rst_n" {
```

图3-78

```
168                "_pi"=11010; "_po"=HH; }
169        "pattern 6": Call "load_unload" {
170            "SO"=LL; "SI"=10; }
171        Call "capture_clk" {
172            "_pi"=11010; "_po"=HL; }
173        "end 6 unload": Call "load_unload" {
174            "SO"=HL; }
175    }
```

图3-78   测试协议文件内容（3）

这是一份用标准测试接口语言的pattern激励文件，其中，Signals部分定义设计的各个pin（引脚）；SignalGroups部分定义了pin的分组；ScanStructures定义了扫描链结构；Timing部分定义在各类信号pin上何时触发怎样的动作，例如输入信号及输出采样的时序、时钟的波形等；Procedures部分定义扫描链的load/unload（加载/卸载）及其移位过程；MacroDefs定义各种特定操作，例如对测试时各种状态的假设；最后的Pattern部分列出了本设计所产生的所有测试向量，一共有7个。

3.4.3 逻辑模拟与故障模拟实例

■（1）逻辑模拟

可利用之前的案例电路，使用Synopsys公司的VCS工具进行逻辑模拟。在进行逻辑模拟前，可以先确认工具自动生成的测试平台代码。如图3-79所示，测试平台名为full_scan_test，将被测电路full_scan实例化为dut，并进行端口连接。

```
5    `timescale 1 ns / 1 ns
6
7    module full_scan_test;
8      integer verbose;        // message verbosity level
9      integer report_interval; // pattern reporting intervals
10     integer diagnostic_msg;  // format miscompares for TetraMAX diagnostics
11     parameter NINPUTS = 5, NOUTPUTS = 2;
12     // The next two variables hold the current value of the TetraMAX pattern
number
13       // and vector number, while the simulation is progressing. $monitor or $d
isplay these
14     // variables, or add them to waveform views, to see these values change
with time
15     integer pattern_number;
16     integer vector_number;
17
18     wire rst_n;  reg rst_n_REG ;
19     wire F;  reg F_REG ;
20     wire SI;  reg SI_REG ;
21     wire test_en;  reg test_en_REG ;
22     wire SO;
```

```
23        wire clk;   reg clk_REG ;
24        wire Z;
25
26        // map register to wire for DUT inputs and bidis
27        assign rst_n = rst_n_REG ;
28        assign F = F_REG ;
29        assign SI = SI_REG ;
30        assign test_en = test_en_REG ;
31        assign clk = clk_REG ;
32
33        // instantiate the design into the testbench
34        full_scan dut (
35            .rst_n(rst_n),
36            .F(F),
37            .SI(SI),
38            .test_en(test_en),
39            .SO(SO),
40            .clk(clk),
41            .Z(Z)    );
```

图3-79 测试平台部分代码

运行下列命令，可调用VCS工具，进行案例电路的逻辑模拟，并通过DVE工具观察波形。注意：命令中的具体文件名需根据实际环境进行微调。执行命令后，弹出的整体界面如图3-80和图3-81所示。

```
vcs -R pattern_stildpv.v scanned_v2.v +acc+2
    -P $STILDPV_HOME/lib/stildpv_vcs.tab $STILDPV_HOME/lib/libstildpv.a
    -y ./verilog_module +libext+.v+ -v ./verilog_module/mtb_verilog.v
    +neg_tlck -gui
```

```
This program is proprietary and confidential information of Synopsys Inc.
and may be used and disclosed only as authorized in a license agreement
controlling such use and disclosure.

Parsing design file 'pattern_stildpv.v'
Parsing design file 'scanned_v1.v'
Parsing library directory file './verilog_module/clk2d2.v'
Parsing library directory file './verilog_module/inv0d0.v'
Parsing library directory file './verilog_module/inv0d1.v'
Parsing library directory file './verilog_module/inv0d4.v'
Parsing library directory file './verilog_module/inv0da.v'
Parsing library directory file './verilog_module/sdcrq1.v'
Parsing library directory file './verilog_module/xr02d1.v'
Parsing library directory file './verilog_module/xr02d4.v'
Parsing library file './verilog_module/mtb_verilog.v'
Parsing library file './verilog_module/mtb_verilog.v'
Top Level Modules:
        full_scan_test
TimeScale is 1 ns / 1 ps
Starting vcs inline pass...
2 modules and 2 UDPs read.
        However, due to incremental compilation, no re-compilation is necessary.
gcc  -pipe -O -I/synopsys/VCS_B-2008.12/include   -c -o rmapats.o rmapats.c
if [ -x ../simv ]; then chmod -x ../simv; fi
g++  -o ../simv  rmapats_mop.o rmapats.o sfwt_1_d.o P5Ze_1_d.o m10s_1_d.o odWb_1_d.o SIM_1.o 5NrI_d.
_B-2008.12/linux/lib/librterrorinf.so /synopsys/VCS_B-2008.12/linux/lib/libsnpsmalloc.so /synopsys/T
2008.12/linux/lib/libvcsnew.so     /synopsys/VCS_B-2008.12/linux/lib/ctype-stubs_32.a -ldl -lz -lm -
../simv up to date
```

图3-80 VCS启动界面

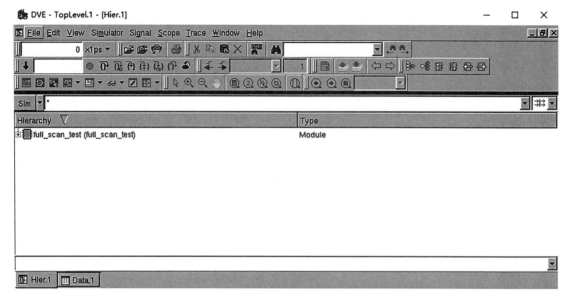

图3-81 DVE启动界面

参考图3-82，可通过点击框中按键，观测插入扫描链后的电路结构。电路结构如图3-83所示。

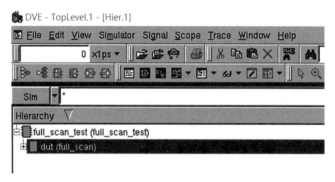

图3-82 电路结构按键

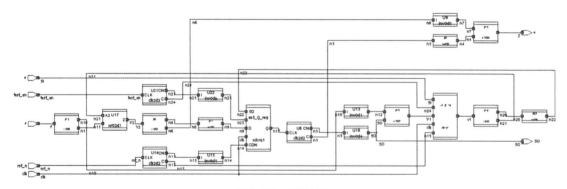

图3-83 电路结构

读者可结合所学以及模拟波形，分析电路动作是否正确。为了获得模拟波形，首先要选中被测电路，即dut(full_scan)，并在数据选项卡中筛选输入输出端口信息，如图3-84所示。

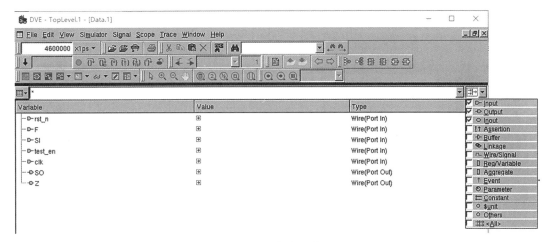

图3-84 筛选观测信号

确定观测信号后，如图3-85所示，将信号全选，通过右键选择"Add To Waves"中的"New Wave View"，将所选信号添加至波形中，也可以通过快捷键"Ctrl+4"添加波形。

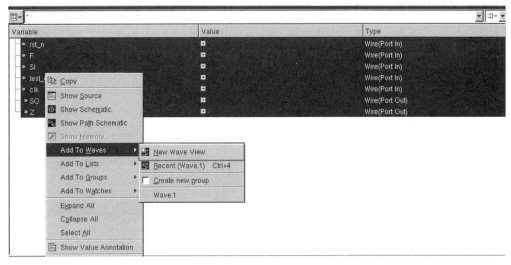

图3-85 添加观测信号到波形中

如图3-86所示，可选择"Simulator"下拉菜单中的"Start/Continue"执行模拟动作，或者点击快捷栏中的"⬇"执行模拟。

图3-86 执行模拟

模拟波形可参考图3-87。通过波形观察可知，每次测试向量移入需要通过两个扫描时钟周期，随后通过一个测试时钟进行采样。接下来通过两个时钟进行测试结果的串行移出，以及后一个测试向量的串行移入，该过程均通过工具自动进行。最终执行结果可通过报告获得，如图3-88所示。从打印信息中可知，该案例电路成功完成了逻辑模拟，没有发现任何错误。

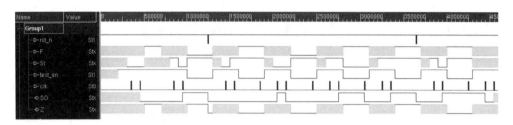

图3-87　案例电路模拟波形

```
DPV Info: Detected a Normal Scan mode.
DPV: Starting Serial Execution of TetraMAX pattern 0, time 200000, V# 3
DPV: Starting Serial Execution of TetraMAX pattern 5, time 3100000, V# 32
DPV: End of STIL data; validation of 7 patterns completed successfully with no errors
Time        4600.00 ns: STIL simulation data completed.
$finish called from file "pattern_stildpv.v", line 136.
$finish at simulation time        4600.00 ns
              V C S   S i m u l a t i o n   R e p o r t
Time: 4600000 ps
CPU Time:      0.010 seconds;      Data structure size:    0.0Mb
Wed Feb 22 14:14:41 2023
```

图3-88　案例电路模拟结果

■ （2）故障模拟

故障模拟步骤与逻辑模拟基本相同，需要对插入扫描链的电路人为插入故障后，执行模拟动作。读者可以尝试任意插入一个或多个固定故障。如图3-89所示，在案例电路中将U13模块的输入n10连线改为固定为零的故障。

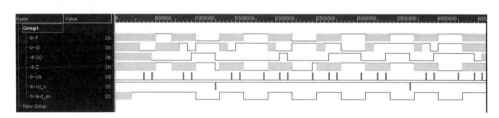

图3-89　案例电路人为插入故障

执行模拟操作后，模拟波形及模拟结果如图3-90和图3-91所示。在结果报告中可以看到"TetraMAX pattern 3 (detected during load of pattern 4), TetraMAX scancell 1 (scancell full_scan.uu4_Q_reg.SD)"以及"validation of 7 patterns FAILED with 1 output mismatch"的信息，提示该被测电路中存在故障并且已被检出。

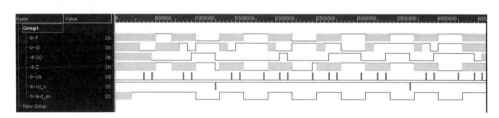

图3-90　故障模拟波形

```
//           ALL RIGHTS RESERVED
//
DPV Info: Detected a Normal Scan mode.
DPV: Starting Serial Execution of TetraMAX pattern 0, time 200000, V# 3
DPV: Signal SO expected to be 0 was 1
       At time 2740000, V# 28
       With WaveformTable "_default_WFT_"
       Last Previous Label (2 cycles prior): "pattern 4"/"Internal_scan_pre_shift"
       Current Call Stack: "load_unload"
       STIL index 1 of chain 1,
       TetraMAX pattern 3 (detected during load of pattern 4), TetraMAX scancell 1 (scancell full_scan.uu4_Q_reg.SD)
DPV: Starting Serial Execution of TetraMAX pattern 5, time 3100000, V# 32
DPV: End of STIL data; validation of 7 patterns FAILED with 1 output mismatch
Time        4600.00 ns: STIL simulation data completed.
$finish called from file "pattern_stildpv.v", line 136.
$finish at simulation time        4600.00 ns
         V C S   S i m u l a t i o n   R e p o r t
Time: 4600000 ps
CPU Time:      0.010 seconds;      Data structure size:    0.0Mb
Wed Feb 22 14:45:48 2023
```

图3-91　故障模拟结果

3.4.4　伪随机测试向量生成电路实例

■（1）案例电路

如图3-92所示，试使用Verilog硬件描述语言描述该电路并模拟其波形，确认该电路生成的测试向量序列。

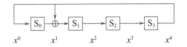

图3-92　伪随机测试向量实例电路

■（2）代码实现

由电路图可知，该电路的方程式为$P(x)= x^4+x+1$，暂无法判断该多项式是否为原始多项式。可通过Verilog硬件描述语言描述该电路，其电路初始值设为"1"，代码实现如图3-93所示。测试平台如图3-94所示。最终模拟波形如图3-95所示。

```
1    module lfsr(
2      clk     ,
3      rst_n
4      );
5    input   clk;
6    input   rst_n;
7
8    reg [3:0] s;
9
10   always @(posedge clk or negedge rst_n)begin
11       if(!rst_n) begin
12              s<=4'd1;
13       end
14       else begin
15           s[3]<=s[2];
16           s[2]<=s[1];
17           s[1]<=s[0]^s[3];
```

图3-93

```
18            s[0]<=s[3];
19        end
20    end
21    endmodule
```

图3-93 伪随机测试向量Verilog描述

```
1     module lfsr_tb();
2
3     reg clk;
4     reg rst_n;
5
6     parameter PERIOD =20;
7
8     lfsr DUT(
9         .clk    (clk)    ,
10        .rst_n  (rst_n)
11        );
12    initial begin
13        clk=0;
14        forever #(PERIOD/2)
15        clk=~clk;
16    end
17    initial begin
18        rst_n=0;
19        repeat(5) @(negedge clk);
20        rst_n=1'b1;
21    end
22
23    initial begin
24        #20000
25        $stop;
26    end
27
28    endmodule
29
```

图3-94 伪随机测试向量测试平台

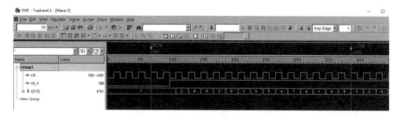

图3-95 伪随机测试向量模拟波形

从模拟波形可知,当案例电路初始值"非零"时,电路生成的测试向量为最长序列,对应的多项式为原始多项式,其状态转换图如图3-96所示。

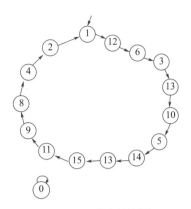

图3-96 状态转换图

3.4.5 TetraMAX 工具脚本

将自动测试向量生成脚本内容共享给读者，请结合自身开发环境适当修改并使用。脚本详情如下所示。

```
read_netlist ../output/scanned_v1.v
read_netlist -library /opt/CSM/2004.12/csm35/v1.0/verilog/CSM35OS142/zero/*.v
read_netlist -library /opt/CSM/2004.12/csm35/v1.0/verilog/CSM35IO122/zero/*.v
run_build_model full_scan
set_drc ../output/scanned_v1.spf
run_drc
add_faults -all
set_atpg -abort 2000
run_atpg
report_summaries
report_patterns -summary
write_patterns ../output/pattern.stil -replace -format stil
write_patterns ../output/pattern.wgl -format WGL -serial -replace
write_patterns ../output/pattern.v -replace -format verilog
write_faults ../output/faults.AU -replace -class au
```

习题

1. 给定图3-97电路，假设使用单固定故障模型，试使用路径敏化法找出该最小故障集中每个故障的所有测试向量，并给出详细推导过程。

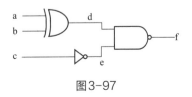

图3-97

2. 给定图3-98电路，假设使用单固定故障模型，试讨论以下问题。

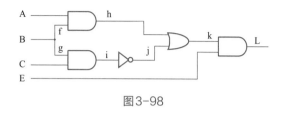

图3-98

（1）找出该电路的一个最小故障集；

（2）使用路径敏化法找出该最小故障集中每个故障的所有测试向量，给出详细推导过程；

（3）压缩所生成的测试向量，找出所有的最小测试向量集，给出故障压缩表；

（4）试分析并回答下列问题：

（i）该电路的故障压缩比率是多少？

（ii）该电路的最小故障集是否唯一？

（iii）该电路中是否有故障可以由两路同时传播到输出端L？为什么？

（iv）你的最小测试向量集中的向量数与穷举测试的向量数的比率是多少？

3. 给定下列二进制多项式：

$$P(x) = x^8 + x^6 + x^5 + x + 1$$

（1）试画出该多项式所定义的内接型线性反馈移位寄存器（LFSR）。

（2）使用该LFSR作为伪随机测试向量生成器（PRPG），写出各位寄存器的次态方程。

$$S_0^+ =$$
$$S_1^+ =$$
$$S_2^+ =$$
$$S_3^+ =$$
$$S_4^+ =$$
$$S_5^+ =$$
$$S_6^+ =$$
$$S_7^+ =$$

（3）假设其初始状态为11111111，按顺序写出它所生成的前15个测试向量。

4. 给定下列二进制多项式：

$$P(x) = x^4 + x^3 + x + 1$$

试推导该多项式所对应的LFSR电路以及次态方程。假定电路初始状态为任意非零状态，试推导该电路可能产生的伪随机序列，并判断该多项式是否为原始多项式。

5. 给定下列二进制多项式：

$$P(x) = x^4 + x + 1$$

试推导该多项式所对应的LFSR电路以及次态方程。假定电路初始状态为任意非零状态，试推导电路可能产生的伪随机序列，并判断该多项式是否为原始多项式。

6. 给定下列二进制多项式：

$$P(x) = x^8 + x^7 + x^2 + 1$$

试推导该LFSR的前8个电路状态，该电路的初始状态为"10000000"。

7. 给定图3-99电路，试讨论以下问题。

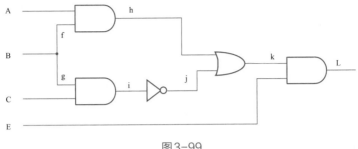

图3-99

（1）使用测试向量ABCE= 1101 和 ABCE= 0011，对该电路进行并行故障模拟。假设计算机字长为8位，完成并行故障模拟结果表（见表3-6和表3-7）。

表3-6

	ff	E/1	h/0	i/1	k/0	k/1	L/0
A=1 B=1 C=0 E=1							
h=							
i=							
j=							
k=							
L=							

表3-7

	ff	E/1	h/0	i/1	k/0	k/1	L/0
A=0 B=0 C=1 E=1							
h=							
i=							
j=							
k=							
L=							

（2）测试向量ABCE= 1101 和 ABCE= 0011能够测出表3-6和表3-7中给定的哪些SSF故障？

（3）以上两个测试向量对所给故障的故障覆盖率是多少？

第 **4** 章

可测性设计与扫描测试

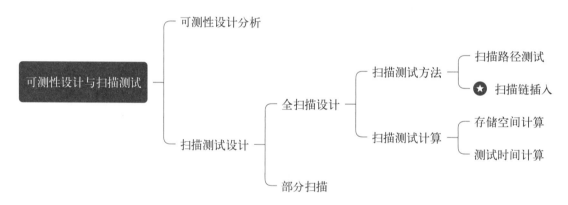

4.1 可测性设计分析

4.1.1 可测性分析

　　电路中的可控制性和可观测性概念起源于自动控制理论。数字电路中的可控制性定义为设置特定逻辑信号为0或1的难度。数字电路的可观测性定义为观测逻辑信号状态的难度。这些评价对于电路测试是非常重要的。因为存在多种观测电路内部信号的方法，需要考虑测试成本，选择合适算法。对于电路中任意节点逻辑值的控制，必须改变电路的内部结构，使之能够通过在原始输入上加载信号，将其逻辑值传递至内部节点。同时也要将内部信号的值传播至原始输出端上加以观测。

　　专用可测性设计常用增加测试点和控制点来提高电路的可观测性和可控制性，进而提高电路的可测试性。在设计初期，可通过可测性分析，来判断电路的容易测试程度，辅以指导电路设计、修改电路原型并改善电路的可测性。

可测性分析通常具备两个显著的特征。一是它是电路拓扑逻辑的分析，但并不是测试向量，只是静态类型的分析。二是它具有线性复杂度，否则可测性分析是没有意义的。

1979年，Goldstein提出了可测性度量的概念，进而定义了可测性的两个度量，即可控性值和可测性值。1980年，Goldstein提出了可测性度量方法SCOAP，该算法可以确定数字电路中控制和观测型号的难度，其算法具有线性的计算复杂度。

SCOAP算法规定电路中任意节点 i 由以下6个参数来描述。

- 组合0可控制性——CC0(i)；
- 组合1可控制性——CC1(i)；
- 组合可观测值——CO(i)；
- 时序0可控制性——SC0(i)；
- 时序1可控制性——SC1(i)；
- 时序可观测值——SO(i)。

对于可控制性而言，可用四个参数表示。如果对于电路中某个组合逻辑节点赋值0或1，需要确定电路相关节点的组合逻辑值，该最小赋值次数，称之为节点 i 的组合0（1）可控制性，用CC0(i)或CC1(i)表示。如果对于电路中某个时序逻辑节点赋值0或1，需要确定电路相关节点的时序逻辑值，该最小赋值次数，称之为节点 i 的时序0（1）可控制性，用SC0(i)或SC1(i)表示。

可观测性则通过两个参数表示。把节点 i 的信息传播至原始输出，需对指定节点赋值，对组合逻辑赋值的最小次数称为组合可观测值，用CO(i)表示。同理，把节点 i 的信息传播至原始输出，需对指定节点赋值，对时序逻辑赋值的最小次数称为时序可观测值，用SO(i)表示。

从电路结构来看，3个组合度量与可以操作去控制或观测的信号数量有关，3个时序度量与需要控制或观测的时钟周期的数量有关。可控制性范围为 $1 \sim \infty$。可观测性范围为 $0 \sim \infty$。线路的度量值越高，控制或观测的难度也将随之越大。

4.1.2　电路测试问题

■ （1）组合电路测试

组合电路示意图如图4-1所示，组合电路对过去的输入信号没有记忆能力，没有由输出端到输入端的反馈信号。组合电路可由基本逻辑门组成的网络实现。当信号稳定之后，输出信号是完全由当前的输入信号所决定的。

常见的组合电路有加法器、比较器、译码器、选择器等。图4-2为常见组合电路。

组合电路没有反馈通路，输出信号直接由输入决定。基于此特点，读者很容易发现，组合电路测试时，测试向量易施加，测试结果易观测，可控制性和可观测性均可以保证，能确保电路测试质量。

图4-1　组合电路示意图

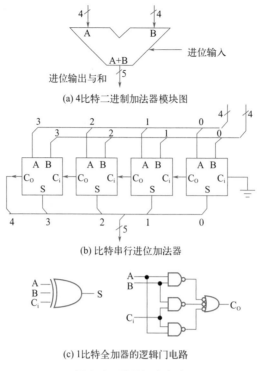

(a) 4比特二进制加法器模块图

(b) 比特串行进位加法器

(c) 1比特全加器的逻辑门电路

图4-2　常见组合电路

■ （2）时序电路测试

时序电路示意图如图4-3所示。时序电路具有连接输出端到输入端的反馈信号，以实现记忆（或存储）功能。当信号稳定之后，输出信号由该时刻的输入信号和电路原来的状态所决定的。

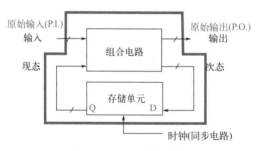

图4-3　时序电路示意图

从图4-3中可知，时序电路由组合电路以及存储单元构成。其中组合电路的输入由原始输入以及电路现态构成，组合电路的输出由原始输出以及电路的次态构成。对于时序电路中的组合电路部分而言，想要施加测试向量，原始输入容易施加，而电路现态不易控制。而观测结果时，会发现原始输出容易观测，但电路的次态难以观测。和单纯的组合电路相比，时序电路中的组合电路存在现态可控制性差、次态可观测性差的特点。

时序电路的样例电路如图4-4所示。该电路为多功能移位寄存器，具有加载、左移、右移、保持四个功能。参考时序电路模型，该电路可以用组合电路和存储单元构成。其中，组合电路部分由4个四选一数据选择器构成，存储单元由4个D触发器构成。

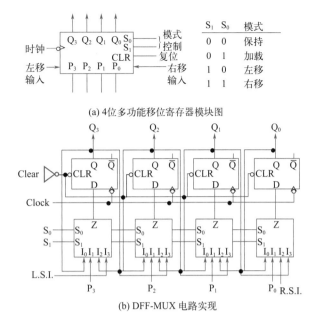

(a) 4位多功能移位寄存器模块图

(b) DFF-MUX 电路实现

图4-4　多功能移位寄存器

除了多功能移位寄存器，我们也接触过更加复杂的时序电路，如图4-5所示，该电路为

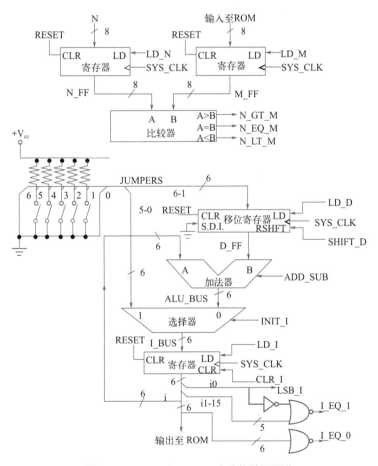

图4-5　ROM-Searcher电路的数据通道

ROM-Searcher（存储器查找器）电路的数据通道。该电路依然可以按时序电路模型拆分成组合电路以及存储单元部分，读者可以尝试自行分析。

接下来随机给出一个时序电路，如图4-6所示。通过观察可知，该电路具有6个原始输入，2个原始输出，从输入到输出经过的最长路径上有4个D触发器。因此可以得出，该电路的时序深度为4，同输入到输出最长路径上D触发器的个数。也可以得出，该电路的组合宽度为6，同原始输入个数。由于D触发器个数同现态个数，因此可推导出，如果需要对该时序电路的组合电路部分进行穷举测试，需要2^{6+4}个，即1024个测试向量。

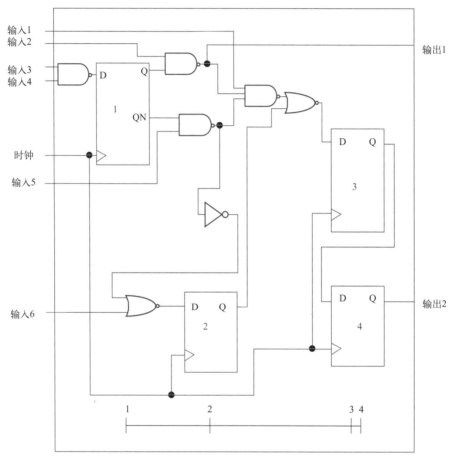

图4-6 时序电路样例

通过分析可知，一个有n个原始输入和r个触发器的时序电路，需要2^{n+r}个测试向量才能对其组合逻辑部分进行穷举测试。

除了从时序电路模型中直接推演得出的问题，其实作为时序电路测试，主要具有以下几个可测性问题。

· 电路节点初始化难；
· 元器件延迟效应；
· 不可测试的故障冗余；
· 非法状态；
· 振荡电路。

时序电路内含有存储单元，上电时一般处于未知状态，需要根据测试需求进行初始化。但通过之前的分析可知，电路的现态难以控制，因此给电路的初始化带来困难，电路的初始化使得电路可测试成为可能。时序电路初始化最简单的方式就是对各个触发器采用异步复位。

由于实际电路中，门与线都会引起传播延迟，因此不仅在组合电路中，时序电路测试中的竞争与冒险等引起的时间延迟也会对电路测试造成影响。在测试向量生成与施加过程中忽略了两条及两条以上敏化路径具有不同延迟的问题，会导致测试向量无法按照理想情况施加。

通常情况下，电路中冗余的逻辑对电路功能不会造成影响，但却会对电路测试产生影响，进而导致故障覆盖率降低甚至故障不可测等问题。目前由冗余逻辑引起的不可测试问题，尚没有完全可行的解决方案。设计中应尽可能避免不必要的冗余电路。

时序电路设计过程中，会根据电路的状态数确定触发器的个数。但经常会出现无用状态，这些没有用到的状态在测试中称为非法状态。由于上电后无法进入非法状态，因此该电路存在不可测试状态，测试过程中需要注意。

时序电路存在反馈回路，在施加一些指定的激励后有可能导致电路不断地改变逻辑值，使得电路不进入已知的稳定状态，也就是通常所说的振荡。振荡使得电路状态变得不可预测，电路测试自然也无法完成。

4.2 扫描测试设计

时序电路的测试存在很多棘手的问题，其中最显著的就是可控制性和可观测性差。可以采用可测性设计解决这个问题。可测性设计实质是按照一定的方法修改电路的原设计，使得该电路做成芯片后，其物理电路可测、可控。可测性设计方法包括全扫描测试（full-scan design）、部分扫描设计（partial scan design）以及其他设计方法。

扫描测试（scan test）的主要思想是获得对触发器现态的控制权以及次态的观测权，是通过对电路增加一个测试模式，使得当电路处于此模式时，所有触发器在功能上构成一个或者多个移位寄存器来实现的。扫描测试的实质是将时序电路的测试问题转化为组合电路测试问题，使得电路的内部节点通过原始输入和原始输出可控制、可观测。

如图4-7所示扫描电路样例，该电路为时序电路模型，存储器由4个D触发器构成。在电路测试中，存在现态不可控制、次态不可观测的问题。现态作为组合电路部分的输入，可称之为伪输入，次态作为组合电路部分的输出，也可称之为伪输出。对于该电路中的组合电路部分，如果施加二进制测试向量'b1110101，无故障电路可在输出端观测到'b00001100。测试电路过程中可发现，伪输入'b0101无法施加，伪输出'b1100难以观测。

基于上述测试困扰，对该电路进行结构改造，如

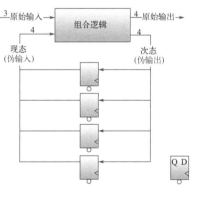

P.I.	伪输入	P.O.	伪输出
111	0101	0000	1100

图4-7 扫描电路样例（原电路）

图4-8所示。在该电路中添加了Shift_in和Shift_out两个输入输出端口,并且将所有的D触发器首尾相连,构成移位寄存器(即插入扫描链)。

耗费4个时钟周期,可将伪输入'b0101通过Shift_in端口移入各个D触发器,解决了伪输入难以控制的问题。结果如图4-9所示。

此时,将其他测试向量通过原始输入施加后,组合电路的输出即固定,如图4-10所示。此时会发现,原始输出可以通过端口直接观测,但电路的次态即伪输出却无法直接观测,进而无法确认组合电路部分的测试结果。

基于伪输入施加的经验,不难发现,伪输出的观测依然可以利用移位寄存器完成。通过4个时钟周期,可以将伪输出依次移至Shift_out端口加以观测。结果如图4-11所示。

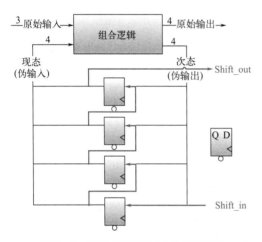

图4-8 扫描电路样例(插入扫描链)

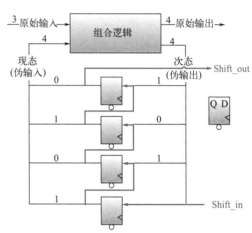

图4-9 扫描电路样例(伪输入移入)

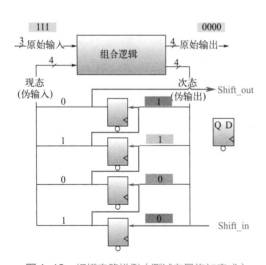

图4-10 扫描电路样例(测试向量施加完成)

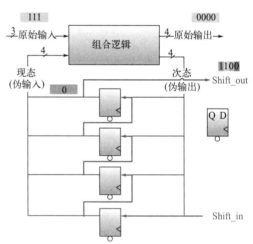

图4-11 扫描电路样例(结果)

通过将时序电路中的触发器依次连接构成移位寄存器的方式,可以解决时序电路伪输入难控制、伪输出难观测的测试问题。通过改造电路结构而形成的移位寄存器可称为扫描链,这种可测性设计方法被称为扫描路径法。

扫描路径法是一种应用较为广泛的结构化可测性设计方法。由前述样例电路可知,时序电路测试相对复杂，生成的测试向量较多，测试向量的施加时间较长，且对内部节点的控制和观测都存在一定难度。现已知可以采用可测性设计方法之一——扫描路径法，改变电路结构，将指定的触发器连接到扫描链上，实现现态可控、次态可观测的效果。

当然，前边的样例电路只是示意图，与实际电路结构并不完全相符。可借由图4-12梳理扫描路径法的基本思想，图（a）为原始时序电路，图（b）为扫描电路插入后的电路结构。共增加三个外部端口，分别为"Scan_In""Scan_Out""Scan_Enable"。正常工作模式下，"Scan_Enable"置0，电路连接方式与原电路无异，逻辑无差别。测试模式下，"Scan_Enable"置1，控制电路与原电路基本逻辑断开，触发器的状态将由"Scan_In"端口控制，同时可通过"Scan_Out"端口观测。这种结构的触发器可称为扫描触发器。当电路中包含多个触发器时，每个触发器均可以采取相同的方法改变电路结构，构成扫描触发器，多个扫描触发器模式控制信号"Scan_Enable"可以共用，"Scan_In"和"Scan_Out"信号可以前后相连，构成扫描链。图（c）则是采用模块化思想，将图（b）的触发器和数据选择器整合成一个独立的扫描触发器，简化电路结构。

和原电路相比，无论图4-12（b）还是图4-12（c），均增加三个外部端口，每个触发器均可以实现正常工作模式和测试模式的自由切换，可满足电路功能以及测试需求。

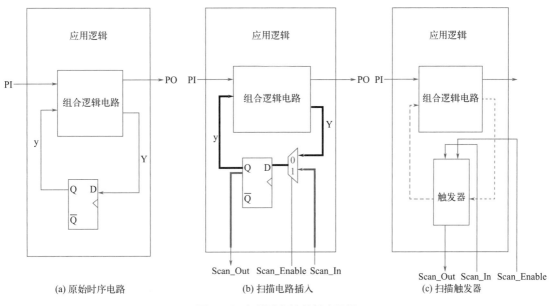

图4-12 扫描路径法的基本思想

扫描路径法可有效改善时序电路的可控制性和可观测性，但对原电路存在以下负面影响：

·增加I/O端口；
·增加电路面积；
·增加测试时间，扫描深度越深，初始化和敏化测试向量所需的时钟周期越多；
·增加测试功耗，不断变化的测试向量导致测试功耗比正常工作时大大提高。

即便扫描路径法具有很多负面影响，但由于它可以解决时序电路可控制性、可观测性差的问题，依然是较为流行的可测性设计方法。正如孟子所言："鱼，我所欲也；熊掌，亦我所欲也。二者不可得兼,舍鱼而取熊掌者也。"鱼与熊掌不可兼得,尚有取舍,可测试性和节省资源间也不可兼得,同样需要设计者根据实际情况进行合理调整。

通过图4-13,读者可以更加透彻地理解扫描路径法的原理。图(a)为原电路设计,图(b)为插入扫描链后的电路设计。和原电路相比,多了"Scan_In""Scan_Out""Scan_Enable"三个I/O端口,从右至左,各个D触发器的Q输出端和数据选择器的输入端相连,构成扫描链。正常工作模式下,"Scan_Enable"信号为0,电路工作状态与原电路相同。测试模式下,"Scan_Enable"信号为1,测试工程师可通过"Scan_In"端口,将测试向量逐个移入,进而控制各个D触发器的状态。测试结果也可以通过"Scan_Out"移出,进行进一步的观测和分析,并分析得出电路的测试结果。

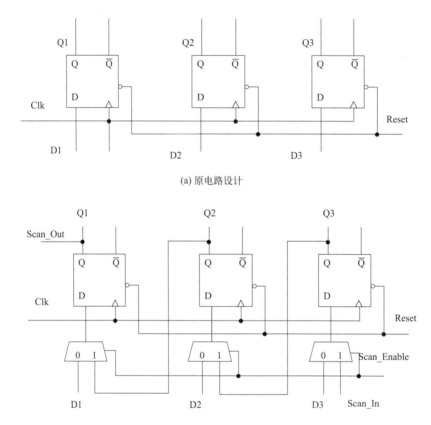

(a) 原电路设计

(b) 插入扫描链后的电路设计

图4-13 扫描路径法实际应用

基本的扫描路径法是将所有的触发器全部组成扫描链,进行全串行扫描设计,其缺点是耗费大量电路硬件资源,扫描路径长,测试时间和路径延迟都增加得比较明显。为了避免这些缺点,尽可能减少可测性设计电路增加的成本,可采用部分扫描设计方法。针对图4-6电路,全扫描设计后电路如图4-14所示,只选择部分触发器参与扫描设计的电路如图4-15所示。

除了选择部分触发器置于扫描路径上之外,为保证测试效果,也可以将较长的扫描链拆解成多个短扫描链的方法,如图4-16所示。该方法虽然增加了端口的数量,但可以有效缩短测试向量施加及测试结果分析时间,提高测试效率。

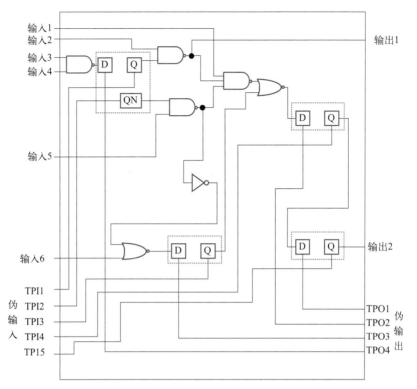

图 4-14 全扫描设计电路

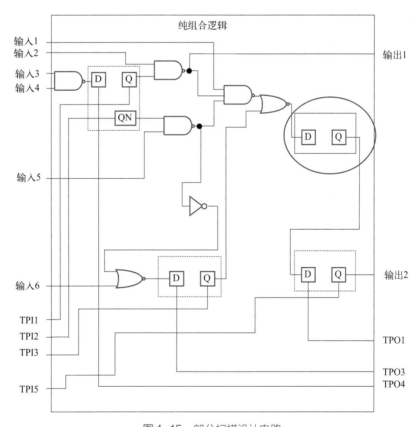

图 4-15 部分扫描设计电路

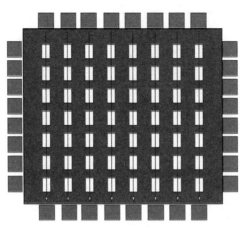

图4-16　多扫描链设计

在选择合适扫描设计方法时，需要综合考虑以下几个问题。在此基础上，降低测试的复杂度与测试成本。

- 电路的测试向量容易生成；
- 电路面积增量较小；
- 考虑触发器位置，尽量减少、缩短互连；
- 降低延迟。

4.3　全扫描设计

扫描路径法的显著优点是将时序电路的测试问题转化为组合电路的测试，使得测试变得容易，而且处在扫描路径上的触发器的状态是"透明的"，可以通过串行输入将所需测试向量移入触发器，也可以将电路的状态通过扫描链串行移出用以观察分析。在此，仅考虑全扫描设计，电路测试者仅需要针对组合电路部分生成测试向量，而扫描路径的测试向量是固定的。

4.3.1　扫描路径测试

扫描路径法的核心思想是通过触发器构成的扫描链，对各个触发器的状态加以控制，并有效观测。因此，扫描链的质量务必保证，测试组合电路前必须进行扫描路径测试。测试扫描链上各个触发器，主要关注各触发器是否能够正常置"1"、清"0"以及翻转功能是否正常。因此，可以采用以下典型的测试向量测试扫描路径。

$$00110011\cdots\cdots$$

假设扫描路径上触发器的个数为 r，则这样的测试向量长度为 $r+4$。通过这个典型的测试向量，可测试扫描链上每个触发器的置"1"、清"0"以及翻转功能是否正常。同时也能确定触发器中是否发生固定故障。

以 $r=4$ 为例，代表该时序电路中存在4个触发器，均处于扫描链上，编号为Q4、Q3、Q2、Q1，由上述可确定测试扫描路径的测试向量为"00110011"。假设"Scan_In"由Q4接入，

"Scan_Out"由Q1接出，则测试向量移入后，各个触发器的现状如表4-1所示。t0时刻，各个触发器状态未定，从t1时刻开始，历经8个时钟周期，通过扫描链将测试向量"00110011"移入触发器。并在Q1端可观测到测试结果，如粗线框中所示。通过移出结果可观测到"0→0""0→1""1→1""1→0"四种结果均无问题，进而证明扫描路径正常，扫描路径测试通过。

表4-1　扫描路径测试（$r=4$）

t	Q4	Q3	Q2	Q1
t0	x	x	x	x
t1	0	x	x	x
t2	0	0	x	x
t3	1	0	0	x
t4	1	1	0	0
t5	0	1	1	0
t6	0	0	1	1
t7	1	0	0	1
t8	1	1	0	0

4.3.2　扫描测试计算

以图4-6为例，采用扫描路径法进行可测性设计后电路如图4-17所示。该电路的组合电路部分测试向量存储空间以及测试时间分别为多少？

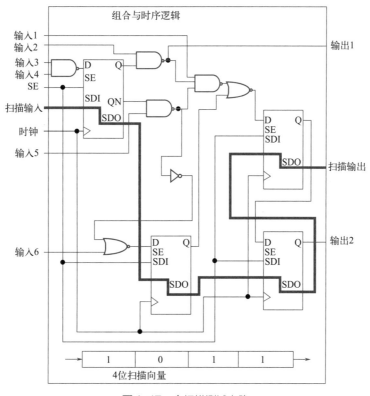

图4-17　全扫描测试电路

■ （1）扫描测试的存储空间计算

可参照时序电路示意图表示上述电路，如图4-18所示。

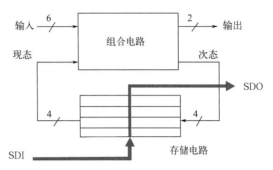

图4-18　存储空间计算样例电路

该电路有原始输入6个，伪输入4个，原始输出2个，伪输出4个。假设该电路具有23个测试向量，可以试计算该电路组合电路部分测试时所需存储空间的大小。

① 输入向量的存储空间：

每个输入向量 = 6 + 4 = 10（位）；

全部输入向量 = 10×23 = 230（位）。

② 输出向量的存储空间：

每个电路响应 = 2 + 4 = 6（位）；

全部输出向量 = 6×23 = 138（位）。

因此，全部存储空间 = 230 + 138 = 368（位）= 46（字节）。

■ （2）扫描测试的测试时间计算

仍以图4-18为例，请读者试计算该电路组合电路部分的测试时间。通常第一印象会认为扫描链长度为r，一条测试向量执行时，测试向量移入需要r个时钟，测试向量施加需要1个时钟，测试结果移出也需要r个时钟，因此，一条测试向量执行需要$2r+1$个时钟。代入到当前电路，测试总时钟应为（2×4+1）×23=207个时钟。其实并不需要这么多，具体原因请参照图4-18理解。从图中可以看出，每个测试向量施加结果移出的过程和下一个测试向量移入的过程可以同时进行。因此，对于一个扫描链长度为r的电路而言，测试时钟=（r+1）×测试向量数 +r。式中最后的r为最后一个测试向量移出的时钟数。因此图4-19电路所需的测试时间为（4+1）×23+4=119个时钟。

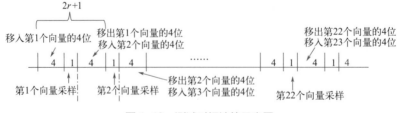

图4-19　测试时间计算示意图

至此可得出，对于全扫描电路而言，假设该电路扫描链长度为r，则测试所需总时间为（r+4）+（r+1）×测试向量数 +r。

4.3.3 扫描测试举例

如图4-20所示，该电路为时序电路，由3个异或门和2个D触发器构成。试提取其中组合电路的部分。

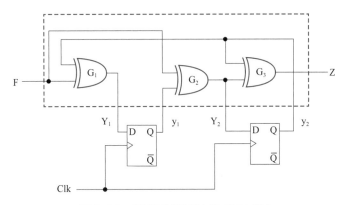

图4-20 扫描测试案例电路（原电路）

组合电路部分如图4-21所示。其中，F为原始输入，y_1 和 y_2 为伪输入，Z为原始输出，Y_1 和 Y_2 为伪输出。通过电路结构可以提取伪输出的布尔方程式。

该电路作为典型的时序电路，测试时依然存在伪输入难控制、伪输出难观测的问题。因此需采用可测性设计对电路结构进行改造，以辅助测试。采用扫描路径法对其进行可测性设计，插入扫描链后电路如图4-22所示，图中"SE"同"Scan_Enable"，"SI"同"Scan_In"，"SO"同"Scan_Out"。

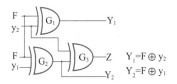

图4-21 扫描测试案例电路（组合电路部分）

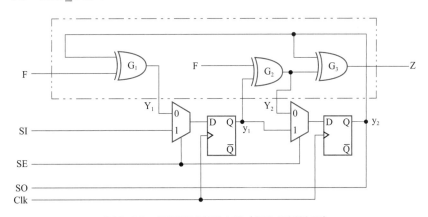

图4-22 扫描测试案例电路（插入扫描链后）

按照全扫描测试流程，首先应该进行扫描路径的测试，其次再进行组合逻辑部分的测试。

■ （1）扫描路径测试

① 设置测试模式：SE=1。

② 由"SI"端将测试向量串行输入至各个触发器，由于该电路扫描链上有两个触发器，因此扫描路径测试向量为001100。

③ 通过"SO"端输出结果确认各个触发器均实现"0→0""0→1""1→1""1→0"四种状态变化，至此确认扫描路径功能正常。

■ （2）组合电路测试

① 设置测试模式：SE=1。
② 由"SI"端将组合电路的1个测试向量串行输入至各个触发器。
③ 设置正常工作模式：SE=0。
④ 准备原始输入F值。
⑤ 设置测试模式：SE=1。
⑥ 将当前测试结果通过"SO"端口串行移除的同时，移入下一个测试向量。
⑦ 重复以上过程，直至最后一个测试向量结果移出。

其中，扫描路径测试以及测试向量施加的过程可参考表4-2。Clk列为时钟，SE为控制电路工作模式，F和SI为电路输入虚线框内圈出扫描路径测试结果确认。左侧四个实线圈为施加的4个测试向量，右侧箭头所指为伪输出如何通过"SO"端口进行逻辑值的传输。

表4-2　扫描测试过程

Clk	SE	F	SI	Y_1	Y_2	SO
1	1	X	0			X
2	1	X	0			X
3	1	X	1			0
4	1	X	1			0
5	1	X	0			1
6	1	X	0			1
7	1	X	0			0
8	1	X	0			0
9	0	0	X	0	0	0
10	1	X	1			0
11	1	X	1			X
12	0	0	X	1	1	1
13	1	X	0			1
14	1	X	0			X
15	0	1	X	1	1	1
16	1	X	1			1
17	1	X	1			X
18	0	1	X	0	0	0
19	1	X	X			0
20	1	X	X			

4.4　基于EDA工具的扫描设计

现有的EDA工具可完全实现自动进行扫描路径设计，可对插入扫描链后的设计自动生成测试向量。

业界流行的EDA工具有很多，如图4-23所示，该流程图为一般集成电路设计流程与Mentor公司的EDA工具间的映射关系。

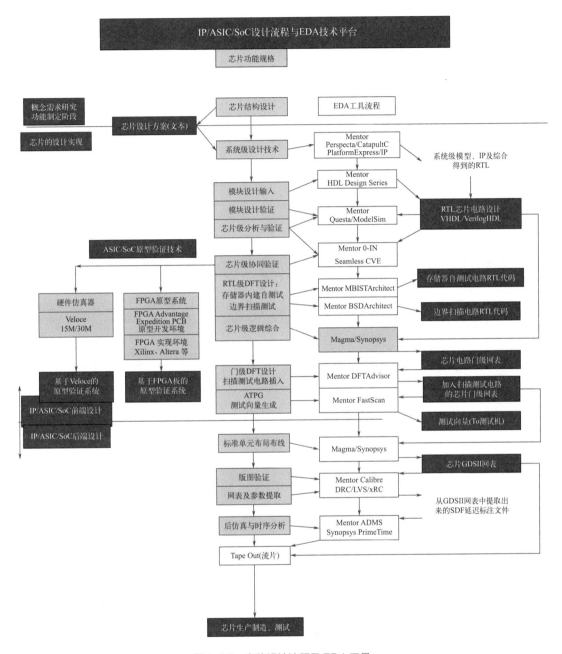

图4-23　电路设计流程及EDA工具

除了Mentor公司的EDA工具之外，Synopsys公司的工具也能满足可测性设计要求。图4-24为Synopsys公司的TetraMAX工具使用流程，可用于自动生成测试向量。

通过工具提供的报告，可帮助我们进一步理解扫描测试的过程。如表4-3所示，该表以"S5378"为例，展示了扫描链插入前后的电路资源变化。读者可试着结合前述理论说明，分析表中方框框起来的数据之间的关系。

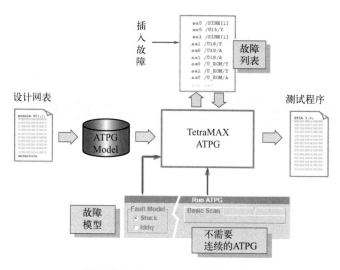

图4-24 TetraMAX工具使用流程

表4-3 扫描电路分析举例——S5378

参数	原始	全扫描
组合逻辑门个数	2781	2781
无扫描触发器个数（每10个门）	179	0
扫描触发器个数（每14个门）	0	179
门开销	0.0%	15.66%
故障个数	4603	4603
用于APTG的输入/输出	35/49	214/228
故障覆盖率	70.0%	99.1%
故障效率	70.9%	100.0%
CPU处理时间	5533 s	5 s
ATPG向量数	414	585
扫描序列长度	414	105662

4.5 实例

4.5.1 扫描链插入EDA工具

DFT Compiler是Synopsys公司提供的一款功能强大的用于可测性设计的工具，提供从前端逻辑域到后端物理域完整的可测性设计解决方案，自动综合为带有扫描链的可测性设计。本节通过DFT Compiler将设计 full_scan.v 综合为带有扫描链的门级网表 scanned.v，并输出测试协议文件 scanned.spf，为进一步完成自动测试向量生成做数据准备。

该设计为从HDL代码开始到完成DFT的流程，经过这个流程设计，能够把该设计从

HDL代码转变为一个经过完全优化，并带有内部扫描电路的设计。详细设计流程如图4-25所示。注意整个流程可以用脚本实现，结果文件可根据实际需求命名。

HDL设计	
指定相关库	`set target_library` `set link_library`
读入设计	`read_verilog` `read_file -format verilog`

定义工作环境和设计约束	`set_wire_load_model`
	`create_clock`
	`set_max_area`
	`set_input_delay`
	⋮
	`set_output_delay`

设置扫描类型	`set_scan_style`

延迟变量约束	`set test_default_delay`
	`set test_default_bidir_delay`
	`set test_default_strobe`
	`set test_default_period`

加入扫描单元优化	`compile -scan`
创建测试协议	`create_test_ protocol`
DRC 校验	`dft_drc`
插入扫描链	`Insert_dft`
保存输出结果	`write` `write_test_protocol`

图4-25　DFT Compiler设计流程

4.5.2　扫描链插入实例

■ （1）认识案例电路

如图4-26所示，同第3章案例电路，该电路是三输入一输出的时序电路，由三个异或门以及两个D触发器构成。为了顺利插入扫描链，电路中还准备了SI、test_en、SO三个与扫描电路相关的端口。

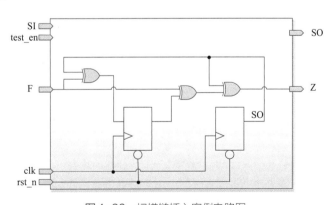

图4-26　扫描链插入案例电路图

■ （2）描述电路

使用Verilog硬件描述语言对该电路进行描述，对应代码如图4-27所示。注意SI、SO、test_en三个端口与扫描电路相关，即便此时没有任何连接，也务必在电路中声明。

```
1    module full_scan(rst_n,F,SI,test_en,SO,clk,Z);
2
3    input rst_n;
4    input F,SI,test_en,clk;
5    output Z,SO;
6
7    wire Y1,y1,Y2;
8
9    xr02d1 uu1(.A1(SO),.A2(F),.Z(Y1));
10   xr02d1 uu2(.A1(F),.A2(y1),.Z(Y2));
11   xr02d1 uu3(.A1(SO),.A2(Y2),.Z(Z));
12
13   sdnrq1 uu4(.D(Y1),.RST_N(rst_n),.CP(clk),.Q(y1));
14   sdnrq1 uu5(.D(Y2),.RST_N(rst_n),.CP(clk),.Q(SO));
15
16   endmodule
```

图4-27　代码详情

■ （3）插入扫描链

输入以下命令，启动DC工具，启动画面如图4-28所示。

```
dc_shell-t
```

```
Initializing...
dc_shell>
```

图4-28　DC工具启动界面

■ （4）读入设计

可采用read_verilog命令分步读入设计。命令如下所示，界面如图4-29所示。

```
dc_shell> read_verilog    ../src/full_scan.v
dc_shell> read_verilog    ../src/sdnrq1.v
dc_shell> read_verilog    ../src/xr02d1.v
```

```
Detecting input file type automatically (-rtl or -netlist).
Running DC verilog reader
Reading with Presto HDL Compiler (equivalent to -rtl option).
Running PRESTO HDLC
Compiling source file /home/zhang_xx/DFT_M/src/xr02d1.v
 Warning:  /home/zhang_xx/DFT_M/src/xr02d1.v:19: The '`delay_mode_path' directive
is not supported and will be ignored. (VER-939)
```

```
    Warning:  /home/zhang_xx/DFT_M/src/xr02d1.v:44: The 'specify' construct is not supported.
It will be ignored. (VER-104)
    Warning:  /home/zhang_xx/DFT_M/src/xr02d1.v:40: The delay specification for gate
instantiation is ignored. (VER-970)
    Presto compilation completed successfully.
    Current design is now '/home/zhang_xx/DFT_M/src/xr02d1.db:xr02d1'
    Loaded 1 design.
    Current design is 'xr02d1'.
    xr02d1
    dc_shell>
```

图4-29　读入设计文件界面

■ （5）插入扫描链

在此，将和扫描链相关命令详细列出，辅助读者理解工具使用。

输入下列命令，指定插入触发器风格、混频时钟以及扫描链个数，并进行编译。

```
    dc_shell> set_scan_configuration -style multiplexed_flip_flop -clock_mixing no_mix -chain_
count 1
    dc_shell> compile -scan
```

其中，set_scan_configuration命令是用来设置当前设计中的全局性属性，这个命令有很多选项来控制扫描的执行。可选的属性开关包括：-chain_count，-style，-clock_mixing，-internal_clocks，-add_ lockup，-replace，-hierarchical_isolation，等等。该命令行中只列出了最常用的几个。

compile -scan 命令直接把设计中的触发器编译成扫描触发器，但并不把它们串成一扫描链，因而到这一步只是功能上正确，但并不可扫描。另外，工具在执行这条命令时，将考虑引入扫描单元对设计在延迟和面积上产生的影响。很明显，在设计中越早考虑引入扫描链带来的影响，越可以节省往后的工作量。

输入下列命令，指定扫描链相关信号（时钟、复位、扫描输入、扫描输出、扫描模式选择）。

```
    dc_shell> set_dft_signal -view existing_dft -type ScanClock -port clk -timing [lis
t 45 55]
    dc_shell> set_dft_signal -view existing_dft -type ScanDataIn -port SI
    dc_shell> set_dft_signal -view existing_dft -type Reset -port rst_n -active_state 0
    dc_shell> set_dft_signal -view existing_dft -type ScanDataOut -port SO
    dc_shell> set_dft_signal -view spec -type ScanEnable -port test_en -active_state 1
```

其中，需要注意的是复位信号以及测试使能信号使能逻辑的设置，以及各个端口的名字务必与代码中的名字一一对应。set_dft_signal命令用来规范DRC和DFT插入时的测试信号，信号类型-type包含ScanClock、Reset、ScanDataIn、ScanDataOut、ScanEnable、Constant、TestMode等。属性开关-view 默认选项为spec，指的是将会在DFT插入过程中使用的端口。existing_dft则表示这个端口已经被用作某种类型的DFT信号。-port用于指定端口，-active_state用于指定信号类型的有效电平，-timing则指定测试时钟的波形。对于有I/O Pad的设计，工具不知I/O Pad的行为模型，所以在执行insert_dft命令时会跳过I/O Pad，直接把端口线连接到内部线上，这时就需要属性开关 -hookup_pin把端口线指定传递到I/O Pad的内部pin上。该命令行中只列出了最常用的几个。

完成综合后，工具要在进行扫描链串联之前对综合的结果进行检查，看是否有违反扫描结构要求的部分存在，即静态检查是否存在影响扫描过程的结构。如果存在违反规则的部分，就需要修改硬件描述语言的描述，并且检查是不是所有的触发器都可替换成扫描结构，以确保所有的触发器都包括在扫描链中。否则测试覆盖率会降低。

输入下列命令，生成测试协议文件，并进行可测性设计规则检查。

```
dc_shell> create_test_protocol
dc_shell> dft_drc
```

create_test_protocol根据当前对设计指定的规则来创建测试协议。

dft_drc命令主要检查以下四类测试问题。

① 模型问题，比如是否缺少相应的扫描单元；

② 拓扑结构问题，比如是否存在不受时钟控制的组合逻辑反馈回路；

③ 确定测试协议，比如确定测试时钟端口，确定测试模式下固定电平的测试状态端口；

④ 测试协议仿真，检查扫描过程是否可以正确地进行。

这些问题可以通过在问题区域增加额外的逻辑以对测试点提供可控性。为了解决这些问题，推荐办法是改变RTL源代码而非改变网表文件。改变RTL源代码重新进行综合分析，可以重新生成网表。而如果网表被改变，则这些变动会被覆盖、丢失。如图4-30所示，可通过工具提示信息确认目前电路并没有违反任何规则。

```
In mode: all_dft...

Information: Starting test protocol creation. (TEST-219)
    ...reading user specified clock signals...
Information: Identified system/test clock port clk (45.0,55.0). (TEST-265)
    ...reading user specified asynchronous signals...
Information: Identified active low asynchronous control port rst_n. (TEST-266)
In mode: all_dft...

  Pre-DFT DRC enabled

Information: Starting test design rule checking. (TEST-222)
  Loading test protocol
  ...basic checks...
  ...basic sequential cell checks...
        ...checking for scan equivalents...
  ...checking vector rules...
  ...checking pre-dft rules...


-----------------------------------------------------------------
  DRC Report
```

```
Total violations: 0
------------------------------------------------------------------
```
图4-30　可测性设计规则确认

　　输入下列命令，做扫描链插入前的信息确认，preview_dft扫描路径预览命令将检查当前对扫描电路设置的一致性，对尚未明确的扫描路径细节进行完全的指定，对将完成的路径给出文本形式的预览。

```
dc_shell> preview_dft
```

　　界面如图4-31所示。从工具提示中可以看到预计插入1条扫描链，扫描方式为全扫描，采用带数据选择器的触发器，并且时钟没有混频现象，测试使能开关为"test_en"信号。

```
Number of chains: 1
Scan methodology: full_scan
Scan style: multiplexed_flip_flop
Clock domain: no_mix
Scan enable: test_en (no hookup pin)


Scan chain '1' (SI --> SO) contains 2 cells
```
图4-31　扫描链插入前信息确认

　　当信息确认无误后，输入下列命令，则按照之前的设置插入扫描链。

```
dc_shell> insert_dft
```

　　insert_dft命令不仅会使电路生成扫描链，而且会使三态门处于不使能状态，建立和排序扫描链，同时进行优化，以去除违反DRC规则的情况。这个命令也可插入附加的测试逻辑，以使特定的电路得到更好的控制。

■　（6）保存结果并退出

　　完成扫描链电路插入，输入以下命令，退出工具。

```
dc_shell> change_names -rules verilog -hier
dc_shell> write -f ddc -hier -o ../output/scanned_v1.ddc
dc_shell> write -f verilog -o ../output/scanned_v1.v
dc_shell> write_test_protocol -o ../output/scanned_v1.spf
dc_shell> write_scan_def -o ../output/scanned_v1.scandef
dc_shell> write_sdf  ../output/scanned_v1.sdf
dc_shell> report_scan_path -view existing_dft -chain all > ../report/scan_path.rpt
dc_shell> report_timing -delay min > ../report/scanned.timing.hold.rpt
dc_shell> report_timing -delay max > ../report/scanned.timing.setup.rpt
dc_shell> report_area > ../report/scanned.area.rpt
dc_shell> write_sdc ../output/scanned_v1.sdc
dc_shell> exit
```

　　其中，通过write命令，指定插入扫描链后的网表电路为scanned_v1.v。通过write_test_

protocol命令，生成测试协议文件，测试协议的生成是通过 create_test_protocol命令由工具根据设计推断出来的，测试协议文件使用标准测试接口语言（STIL）编写。执行结束退出界面如图4-32所示。

```
Information: Defining new variable 'test_enable_dft_drc'.(CMD-041)
1
dc_shell> exit

Memory usage for this session 67 Mbytes.
CPU usage for this session 2 seconds.

Thank you...
```

图4-32 DC工具退出界面

当退出DC界面后，在结果文件中确认修改后的电路代码，见图4-33。除了重点确认模块名称及电路基本连接无误以外，读者可以进一步观察电路结构，并与手动更改的扫描链电路进行对比。

```
 2    module full_scan ( rst_n, F, SI, test_en, SO, clk, Z );
 3     input rst_n, F, SI, test_en, clk;
 4     output SO, Z;
 5     wire   Y1, y1, Y2, n17, n3, n4, n5, n6, n7, n8, n9, n10, n11, n12, n13, n14,
 6            n15, n20, n21, n22, n23, n24, n25;
 7
 8     sdcrq1 uu4_Q_reg ( .D(Y1), .SD(SI), .SC(n24), .CP(clk), .CDN(n15), .Q(y1) );
 9     sdcrq1 uu5_Q_reg ( .D(n9), .SD(n22), .SC(n25), .CP(clk), .CDN(n14), .Q(n17)
10          );
11     clk2d2 U6 ( .CLK(n17), .CN(n5), .C(n3) );
12     inv0d0 U7 ( .I(n3), .ZN(n4) );
13     clk2d2 U8 ( .CLK(Y2), .CN(n8), .C(n6) );
14     inv0d0 U9 ( .I(n6), .ZN(n7) );
15     xr02d4 U10 ( .A1(n4), .A2(n7), .Z(Z) );
16     inv0d1 U11 ( .I(n8), .ZN(n9) );
17     clk2d2 U12 ( .CLK(F), .CN(n10), .C(n11) );
18     inv0d1 U13 ( .I(n10), .ZN(n12) );
19     clk2d2 U14 ( .CLK(rst_n), .CN(n13), .C(n15) );
20     inv0d1 U15 ( .I(n13), .ZN(n14) );
21     inv0d4 U16 ( .I(n5), .ZN(SO) );
22     xr02d1 U17 ( .A1(n11), .A2(n21), .Z(Y2) );
23     xr02d1 U18 ( .A1(SO), .A2(n12), .Z(Y1) );
24     clk2d2 U19 ( .CLK(y1), .CN(n20), .C(n21) );
25     inv0da U20 ( .I(n20), .ZN(n22) );
26     clk2d2 U21 ( .CLK(test_en), .CN(n23), .C(n24) );
27     inv0da U22 ( .I(n23), .ZN(n25) );
28    endmodule
```

图4-33 插入扫描链后的电路代码

4.5.3 DFT Compiler 工具脚本

将扫描链插入脚本内容共享给读者,请结合自身开发环境适当修改并使用。脚本详情如下所示。

```
dc_shell> read_verilog   ../src/full_scan.v
dc_shell> read_verilog   ../src/sdnrq1.v
dc_shell> read_verilog   ../src/xr02d1.v
current_design full_scan
link
uniquify
ungroup -all -flatten
set_operating_condition NCCOM
set_wire_load_model -name 280000
set_wire_load_mode enclosed
set_load 1.0 [all_outputs]
set_input_transition 2.0 [all_inputs]
set_max_fanout 1 full_scan
create_clock -period 82 -waveform [list 0 41] clk
set_clock_latency 2.0 clk
set_clock_uncertainty -setup 8.0 clk
set_clock_uncertainty -hold 0.3 clk
set_clock_transition 0.1 clk
set_input_delay 1.0 -clock clk -max [all_inputs]
set_output_delay 1.0 -clock clk -max [all_outputs]
set_dont_touch_network [list clk]
set_max_area 0
set_fix_multiple_port_nets -all -buffer -constants
set_scan_configuration -style multiplexed_flip_flop -clock_mixing no_mix -chain_
count 1
compile -scan
set_dft_signal -view existing_dft -type ScanClock -port clk -timing [list 45 55]
set_dft_signal -view existing_dft -type ScanDataIn -port SI
set_dft_signal -view existing_dft -type Reset -port rst_n -active_state 0
set_dft_signal -view existing_dft -type ScanDataOut -port SO
set_dft_signal -view spec -type ScanEnable -port test_en -active_state 1
create_test_protocol
dft_drc
preview_dft
insert_dft
change_names -rules verilog -hier
write -f ddc -hier -o ../output/scanned_v1.ddc
write -f verilog -o ../output/scanned_v1.v
write_test_protocol -o ../output/scanned_v1.spf
write_scan_def -o ../output/scanned_v1.scandef
write_sdf  ../output/scanned_v1.sdf
```

```
report_scan_path -view existing_dft -chain all > ../report/scan_path.rpt
report_timing -delay min > ../report/scanned.timing.hold.rpt
report_timing -delay max > ../report/scanned.timing.setup.rpt
report_area > ../report/scanned.area.rpt
write_sdc ../output/scanned_v1.sdc
```

习题

1. 图4-34是一款二进制计数器。请试着手工修改该电路设计，使其支持全扫描测试。可直接在电路图上标出你的修改。

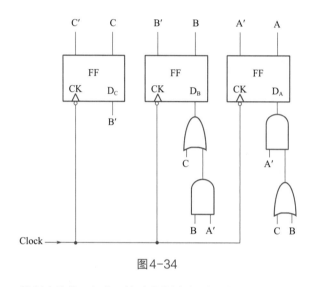

图4-34

2. 图4-35是ROM-Searcher控制电路的一部分，请试着分析以下问题。

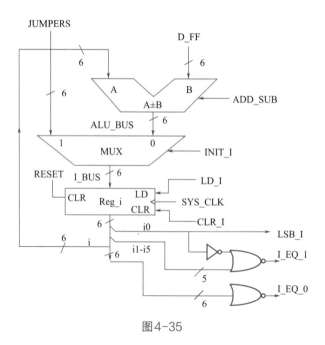

图4-35

（1）手工修改该电路设计，使其支持全扫描测试。假设扫描链输入 SI 从 Reg_i 的 LSB（最低有效位）进入，扫描链输出 SO 由 Reg_i 的 MSB（最高有效位）输出。画出你的修改电路，包括寄存器内部的所有扫描寄存器（SDFF）。

（2）该电路的时序深度、组合宽度、原始输入（列出所有信号名）、原始输出（列出所有信号名）各为多少？

（3）修改后的电路的时序深度、伪输入（列出所有信号名）、伪输出（列出所有信号名）各为多少？

（4）如果使用穷举测试方法测试该电路，需要多少个测试向量？需要多少存储空间？

（5）扫描链测试：全扫描测试使用什么测试序列？需要多少测试时钟？

（6）组合电路测试：用全扫描方法对电路施加全部穷举测试向量，共需要多少时钟？

第5章

边界扫描测试

▶ 思维导图

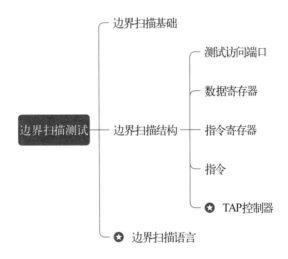

5.1 边界扫描基础

尽管测试及可测性设计的方法与概念可扩展至板级或系统级，但是板级（PCB级）与系统级的测试却不仅仅是对单个IC或电路模块的测试问题，还有IC之间或PCB级之间的连接等测试问题。20世纪70年代，出现了电路外测试方法，可通过用探针探查PCB的背面进行测试，当时采用的是双列直插式封装。此时测试机制依赖于针床测试仪内的探针，这些探针被放置在能接触到PCB背面不同焊点的位置上，并在元件上施加不同的信号，通过其他焊点测量元件的输出信号，以确认测试结果。

由于数字电路组件的增多以及多层PCB的复杂性，使用隔离芯片组件的针床式探测技术已不再是测试技术中较为简单的解决方案了。单纯通过芯片外测试已经不能满足测试需求。因此，急切需要能够访问各种电路内部，同时在测试过程中能把它们彼此分隔，且较低成本的测试方法。

解决这些问题的一个方法就是将扫描路径法扩展应用到整个板级或系统级，即边界扫描（boundary scan）法。1985年，飞利浦公司提出随着电路规模的扩大，时序电路的测试将出现一些棘手问题；同年，欧洲一些电路设计师、制造商及测试工程师创立了联合欧洲测试行动组（JETAG，Joint European Test Action Group）。1986年，小组更名为联合测试行动组（JTAG，Joint Test Action Group），其成员范围扩大至北美洲。该小组建立了一套规范，规定如何将串行测试数据输出到一个电路板接口，以测试被测电路的性能。直至1990年，形成了IEEE 1149.1标准，也可称之为边界扫描标准。该标准对电子工业中非常困难的测试部分制定了一个标准机制。此标准设置了一套独特规则，测试工程师、ATE开发人员和测试程序开发者均可以遵循此套规则开展电路测试。这套标准适用于所有的数字电路测试，并且使用该标准可使电路的测试变得更加容易。

IEEE 1149.1标准的主要优点是它们作为通用标准，可以被电路板设计者、IC设计者以及系统设计者共同使用。1149.1标准主要涉及范围有以下几点：

· 规范板级和其他系统中集成电路之间连接的测试方法；
· 规范集成电路自身的测试方法；
· 规范元器件在正常工作条件下对其观察或控制的方法。

该标准主要提供了以下操作模式：

· 在非入侵模式下，标准的IC中提供了保证与其他逻辑独立的资源。这些资源允许与外部进行串行读入测试数据和指令、串行读出测试结果的异步通信。这些动作对于正常IC行为是隐藏的。
· 标准的引脚许可模式控制IC的输入/输出引脚，切断了系统逻辑与外部的联系。这些模式可支持系统互连测试和组件测试分开，该活动会干扰IC的正常动作。

要求所有符合边界扫描标准的IC必须设计成上电时进入非入侵模式。当IC切换至引脚许可模式后，返回非入侵模式必须小心。因为很容易发生总线驱动冲突，可通过IC复位来解决此问题。边界扫描标准具有很高的可扩展性。

5.2 边界扫描结构

边界扫描法是将扫描路径法扩展至整个板级或系统级，同扫描路径法类似，基于边界扫描法的元器件与外部交换信息，均采用串行通信方式，允许测试指令及相关测试数据串行发送给元器件，也同样运行将测试结果从元器件中串行读出，用于测试结果分析。如图5-1所示，该图为带边界扫描的芯片示意图，其中，CUT为核心功能逻辑部分。外围每个引脚配备一个边界扫描单元（BSC，boundary scan cell），整体使用边界扫描控制电路加以控制，通过测试存取通道（TAP，test access port）与外界信息交互。如图5-2所示，该图为全扫描示意电路，将该电路作为CUT部分，进行边界扫描设计后，将如图5-3所示。

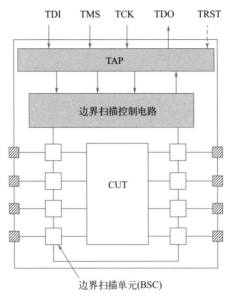

图5-1　带边界扫描的芯片示意图

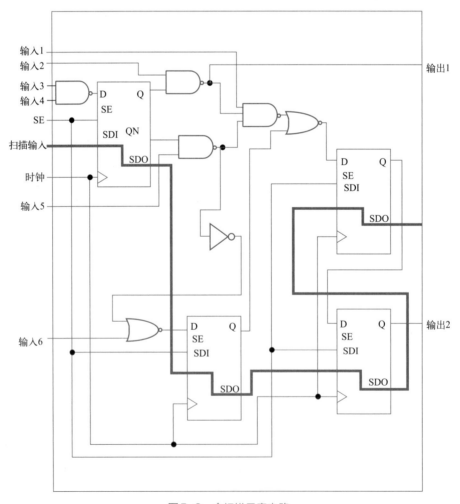

图5-2　全扫描示意电路

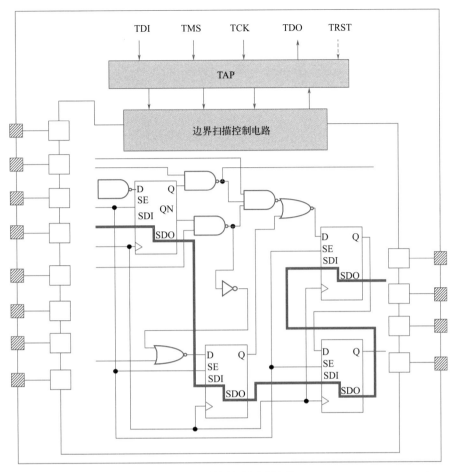

图5-3　边界扫描案例电路

如图5-4所示，边界扫描的整体结构由以下几部分组成：

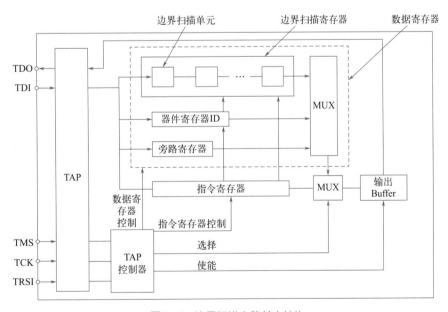

图5-4　边界扫描电路基本结构

·TAP接口，具有4个或5个引脚；

·一组边界扫描寄存器，包括指令寄存器（IR，instruction register）和数据寄存器（DR，data register）；

·一个TAP控制器。

5.2.1 测试访问端口

边界扫描电路与外界通信，必须经由TAP，该接口包含以下信号：

·测试时钟（TCK，test clock）；
·测试模式选择（TMS，test mode select）；
·测试数据输入（TDI，test data input）；
·测试数据输出（TDO，test data output）；
·测试复位（TRST，test reset）。

TAP是测试通用端口，支持IEEE 1149.1测试标准。IEEE 1149.1标准中规定，测试电路必须包含TCK、TMS和TDI这3个输入端口，以及1个TDO输出端口。如果需要对TAP控制器进行复位操作，可以辅以TRST信号，该功能不作强行要求。TAP的所有输入输出均为专用端口，不与其他功能复用。

TMS、TCK和TRST是控制引脚。TMS用来将测试协议置于一个给定的数据或指令状态。TCK是运行主要测试时钟输入端。在边界扫描电路工作过程中，根据TCK和TMS信号选择控制模式，通过TDI信号将测试数据串行移入电路中，通过TDO信号将测试结果串行移出电路，以备分析测试结果。

■ （1）测试时钟

测试时钟为测试电路提供专用的时钟信号，作为测试过程的基准，测试电路是基于时钟上升沿或下降沿完成的。

■ （2）测试模式选择

测试模式选择是用于控制测试模式切换，传递控制信息的。由TAP控制器译码并执行响应的测试操作。测试模式选择采用输入序列的方式来确定测试方式，在控制过程中，务必确保传输序列和译码的正确性。

■ （3）测试数据输入

TDI是以串行方式移入输入数据，传输的数据有两种，包括指令数据以及测试数据。根据测试模式选择序列不同，传递响应数据。

■ （4）测试数据输出

TDO是以串行方式移出数据，和TDI一样，包括测试指令以及测试数据。

■ （5）系统复位

前4个信号为强制信号，在边界扫描设计中必须包含。系统复位信号在IEEE 1149.1协议中为可选择信号。作用是对TAP控制器进行初始化操作。为了确保测试电路动作的正确性，要求通过TRST信号由"0"变为"1"时，测试模式选择信号需要保持一段时间为逻辑"1"，一般要求为几个TCK的时钟周期。

5.2.2　数据寄存器

数据寄存器并非指一个寄存器，而是边界扫描寄存器（BSR，boundary scan register）、旁路寄存器（BPR，bypass register）以及其他一个或多个可选专用寄存器的集合。

专用寄存器中，器件标志寄存器（DIR，device identification register）在IEEE 1149.1中有明确定义。其他的如扫描测试寄存器、自测试寄存器或者设计中与存取有关的关键寄存器，在IEEE 1149.1中并未定义。

■ （1）边界扫描寄存器

边界扫描寄存器是边界扫描设计中最重要最复杂的寄存器，它既允许电路内测试数据进行输入/输出操作，也支持电路间测试、电路间互连测试或外部电路测试等。边界扫描寄存器主要具有以下功能：

· 电路间测试，如电路间互连测试、采用外部测试指令"EXTEST"的外部电路元件间测试；

· 电路内部的内建自测试，如采用内测试指令"INTEST"的电路内部测试；

· 输入/输出信号的采样和移位检查；

· 当扫描路径处于空闲状态时，确认其对原电路逻辑无影响。

边界扫描寄存器由多个边界扫描单元（BSC，boundary scan cell）构成，每个边界扫描单元至少包括两个数据端口、一定数目的时钟输入和控制输入，每个单元内包含一个单级的移位寄存器，该移位寄存器提供一个并行输入和并行输出。同时，移位寄存器还把两个数据端口作为串行输入和串行输出。将这些边界扫描单元与其他边界扫描单元首尾相连就构成了边界扫描寄存器。

以数据寄存器为例，BSC的基本结构如图5-5所示。可以将该电路连接至电路I/O端口，根据输入至数据选择器控制信号（Test/Normal）的不同，数据可以通过输入端口加载进来，也可以将BSC内部信号传送至输出。

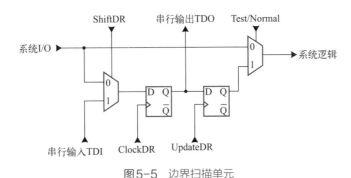

图5-5　边界扫描单元

如图5-6所示，该图表示了BSC正常操作下电路的工作情况。

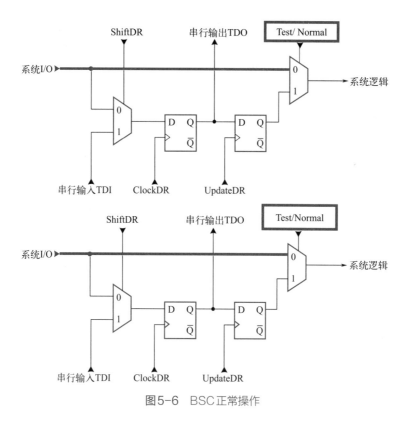

图5-6 BSC正常操作

如图5-7所示，该图表示了BSC移位加载操作下电路的工作情况。

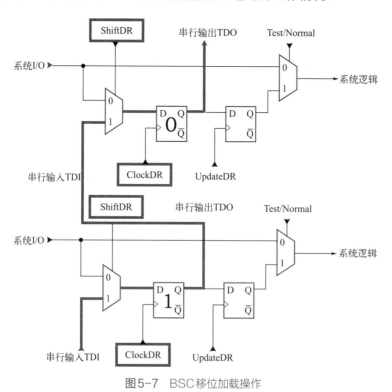

图5-7 BSC移位加载操作

如图5-8所示，该图表示了BSC移位数据驱动系统逻辑操作下电路的工作情况。

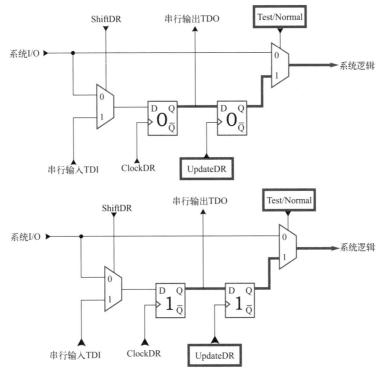

图5-8 BSC移位数据驱动系统逻辑

数据除了可以从串行输入加载，也可以通过系统I/O加载，电路工作情况如图5-9所示。

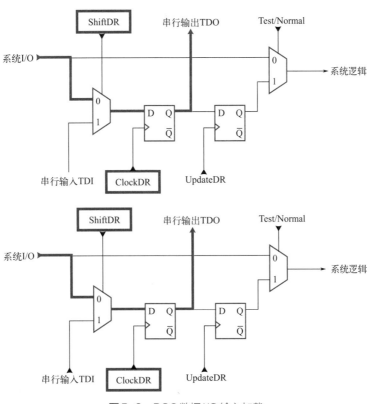

图5-9 BSC数据I/O输入加载

边界扫描寄存器的输入输出一般分以下三种。在设计时，可结合具体需求选择合适的端口。

- 输入端：单纯为一个输入缓冲器；
- 输出端：具有使能控制的输出缓冲器，使能信号无效时呈开路状态；
- 双向输入输出端：既可作为输入，也可作为输出的端口，具有方向控制端口。

■ （2）旁路寄存器

旁路寄存器是一个强制性边界扫描数据寄存器，可以将当前不进行测试的电路扫描链短接起来，使TDI和TDO之间的扫描路径最短，进而达到最优化，使得串行数据可以更快地到达需要测试的目标内核。旁路寄存器是一个单位寄存器，其仅由一个选择器和一个触发器构成。

■ （3）器件标志寄存器

器件标志寄存器是一个可选寄存器。它是一个32位寄存器，内置识别码，使用时可以将存储在此寄存器内的电路逻辑ID串行移出，并可以在扫描链完整性测试中使用。器件标志寄存器在设计时，应遵循以下几个原则：

- 器件标志寄存器的结构应为并行输入、串行输出的移位寄存器；
- 用于器件标志寄存器的移位寄存器为专用寄存器，不可与其他功能复用；
- 当TAP控制器处于"捕获数据寄存器"状态下，在TCK上升沿时从TDO串行移出标识码；
- 器件标志寄存器至少应该包含制造厂商编码等信息，结构如图5-10所示；

31 28	27 12	11 1	0
版本号	型号	制造厂家标志编码	1

图5-10　器件标志寄存器结构

- 器件标志寄存器的操作不应影响系统正常逻辑；
- 对于可编程器件而言，常用指令并不能完成所有的编程，应允许用户自定义一组32位的辅助标志编码，在响应USERCODE指令时，可以把这组自定义辅助标志编码加载至器件标志寄存器中。

5.2.3 指令寄存器

边界扫描标准使用某种定位模式的指令，这些指令我们将在后续详细介绍。指令定义了测试模式下的标准操作，需要一个2位以上的指令寄存器来保存这些指令。

在边界扫描标准的所有操作辅助下，指令可以串行移入。此外，在移位情况下，一个新指令必须与寄存器中现存的指令分开处理。为了满足这些需求，全功能的指令寄存器单元必须由两个触发器构成，一个用于移位或者捕获，另外一个则用于更新。

如图5-11所示，该图为指令寄存器结构。移位或捕获触发器从上一个单元或TDI输入获得串行指令位，或者从Din输入中捕获并行取得的数据。当ShiftIR位高电平时，从前一个指令寄存器单元的获取的串行指令就会被移入此触发器当中。这个触发器有ClockIR提供专用时钟。当移位或捕获操作完成后，则根据UpdateIR上升沿将指令载入指令寄存器并传至输出Dout端。指令寄存器中的触发器均可以配置复位信号。

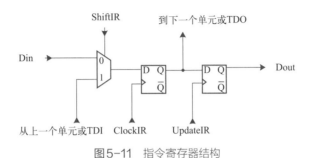

图5-11　指令寄存器结构

5.2.4　指令

在IEEE 1149.1标准中，TAP控制器可使用的指令分两类：一类为共用指令，即用户可使用的指令；另一类为专用指令，这是器件设计者或生产厂商专门设计的，一般可以不公开说明。

在公用指令中，又分为两种：一种是强制性指令，包括旁路指令（BYPASS）、采样指令（SAMPLE）、预装指令（PRELOAD）和外测试指令（EXTEST）；另一种是标准中规定的可选指令，包括内测试指令（INTEST）、运行自测试指令（RUNBIST）、取器件标志指令（IDCODE）、用户编码指令（USERCODE）、组件指令（CLAMP）和输出高阻指令（HIGHZ）。

■　（1）旁路指令（BYPASS）

旁路指令的目的是用一个1位的旁路寄存器作旁路边界扫描链，可使旁路寄存器提供的1位寄存器串行连接，把不进行测试的IC扫描链短接起来，从而使得TDI至TDO之间的扫描路径最短。旁路寄存器结构如图5-12所示，在ShiftDR为高电平时，将TDI输入移至寄存器中。在旁路模式电路工作状态如图5-13所示。

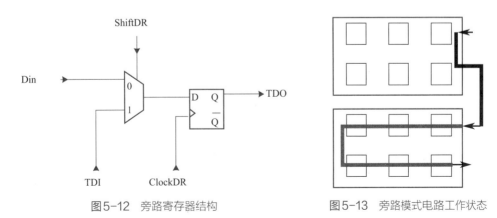

图5-12　旁路寄存器结构　　　　图5-13　旁路模式电路工作状态

■ （2）采样指令（SAMPLE）

采样指令是在非侵入性模式下工作，并截取输入芯片内部连线值和内核逻辑输出。为的是获取正常元件输入和输出信号的瞬态值，并将它们保存到边界扫描单元的第一级触发器里边。在采样指令执行后，这些数据会通过TDO移出。

如图5-14所示，该图显示了正在执行采样指令时，采样数据如何被移出边界扫描单元。其中，引脚输入可以传递给电路逻辑，电路逻辑输出也可以传递至引脚输出。另外，输入和输出引脚的瞬态值也在ClockDR的上升沿被捕获至触发器中，并传至TDO。可以看出，采用采样指令可以不影响电路逻辑的正常运行，系统输入引脚接收的数据不会改变电路逻辑，由系统逻辑驱动的数据流经系统输出引脚时也不会改变。

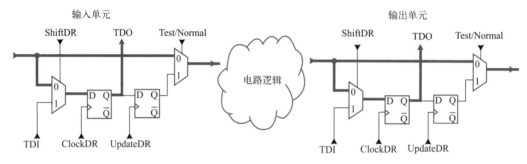

图5-14　采样指令数据流

■ （3）预装指令（PRELOAD）

在选择其他边界扫描测试指令前，预装指令允许把数据装载到边界扫描单元的触发器中并行输出。同采样指令，预装指令的目的也是获得元件输入输出信号的瞬态值。具体数据流如图5-15所示。

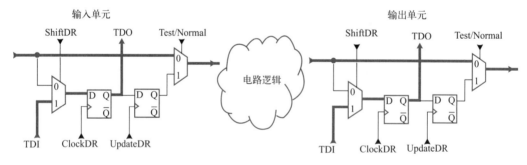

图5-15　预装指令数据流

■ （4）外测试指令（EXTEST）

外测试指令的目的是测试独立于芯片外的电路和板级的互连情况。这是通过将输入芯片的信号捕获到边界扫描寄存器中，和从边界扫描寄存器驱动输出芯片的信号来实现的。在边界扫描单元中的触发器中保持它们原来的值，以避免由边界扫描寄存器引起的冒险和信号变化干扰芯片上的系统逻辑。在测试模式下，测试向量通过移位操作送至边界扫描单元中，并施加至PCB的输入上。然后将对测试向量的响应捕获到边界扫描寄存器以及PCB输出上。需要将响应从电路板上所有芯片的边界扫描寄存器中移出，以观察相应测试向量的响应是什么。如图5-16所示，该图中给出了当系统执行外测试指令时，电路中的数据流情况。需要注意的是，外测试指令可能会使电路逻辑处于一个不确定状态，所以需要复位逻辑以恢复正常操作。

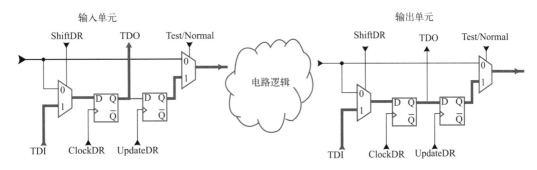

图5-16　外测试指令数据流

■ （5）内测试指令（INTEST）

内测试指令的目的是当芯片装配到PCB上时，通过边界扫描寄存器把外部施加的测试向量串行输入至芯片内，从而进行电路逻辑测试。同时这条指令也为将芯片内电路逻辑对测试向量的响应经边界扫描寄存器串行移至输出端口提供了方便。如图5-17所示，在第一阶段，边界扫描寄存器用原有的内容更新；在第二阶段，边界扫描寄存器用从TDI输入进来的数据进行更新。在内测试模式时，TCK的脉冲数不限，以便进行不定长测试向量的移入。随后，只需要一个系统时钟便可将测试向量施加至电路逻辑中，电路输出响应将被捕获至边界扫描寄存器中。之后可经过指定数量的TCK脉冲，将电路响应串行移出并加以分析。内测试模式便于外部测试仪将被测电路的响应移至输出。在该指令下，芯片的输出引脚可以被强制设定为高阻状态，也可以使用边界扫描寄存器加以驱动。

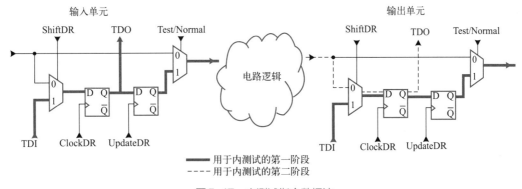

图5-17　内测试指令数据流

■ （6）运行自测试指令（RUNBIST）

运行自测试指令的目的是通过JTAG硬件向一个元件发出BIST指令。测试逻辑可以控制该元件输出引脚的状态，可以由边界扫描单元确定。输出引脚也可以被强制为高阻状态。BIST的成功或失败的提示信息可以保留在边界扫描单元内或者电路内部存储单元内。其自测试结果可以通过边界扫描寄存器移至输出。需注意，运行自测试指令会使得芯片引脚处于不确定状态，所以需要复位逻辑以恢复正常操作。

■ （7）取器件标志指令（IDCODE）

取器件标志指令的目的是当TAP控制器处于"ShiftDR"状态时，在TDI和TDO引脚间串行连接元件的器件标识寄存器。板级测试控制器或外部测试仪可以读出元件标识。只要芯片设计中包含联合电子器件工程委员会（JEDEC，Joint Electron Device Engineering Council）标识寄存器，就需要设计该条指令。

■ （8）用户编码指令（USERCODE）

用户编码指令供用户可编程元件使用，如现场可编程门阵列（FPGA，field-programmable gate array）和电擦除可编程只读存储器（EEPROM，electrically-erasable programmable read-only memory）等。通过该指令，外部测试仪可以确定可编程元件的用户编程设计，可以读出指示在可编程元件中出现的是哪个程序的寄存器。该指令在TDI和TDO的JTAG引脚之间选择器件标识寄存器进行串行连接。用户可编程ID号码在TCK上升沿时，加载至器件标识寄存器中。这条指令将元件测试硬件切换至原本的系统功能。当器件标识寄存器包含在用户可编程元件中时，必须设计该条指令。

■ （9）组件指令（CLAMP）

组件指令的目的是强制元件的输出引脚信号由边界扫描寄存器驱动。该条指令通过使用1位的旁路寄存器旁路了TDI至TDO之间的边界扫描链。使用该指令后，可能需要复位芯片，以防止短暂的高电平和低电平同时驱动内部总线，而引起电路损坏。

■ （10）输出高阻指令（HIGHZ）

输出高阻指令可使所有的元件输出引脚均变为高阻（Z）状态。这可以防止执行各类JTAG测试指令时，对特定芯片或PCB其他元件的逻辑损害。执行该指令后，建议复位该元件，再返回系统正常操作模式。

5.2.5　TAP控制器及操作

TAP测试控制器是一个由16个状态构成的有限状态机，它的状态是基于TCK信号，通过TRST、TMS信号控制的。TAP测试控制器的状态在TCK上升沿时改变，下一个状态由TMS逻辑值以及当前所处状态机决定。电路框图如图5-18所示。

图5-18　TAP控制器电路框图

IEEE 1149.1标准定义的TAP控制器的状态图如图5-19所示。其中，箭头上的逻辑0或逻辑1为TMS的值，此值将在TCK上升沿进行采样。TAP控制器的状态包括7个数据寄存器控制状态和7个指令寄存器控制状态，以及1个"测试逻辑复位"状态和1个"运行测试/空闲"状态。

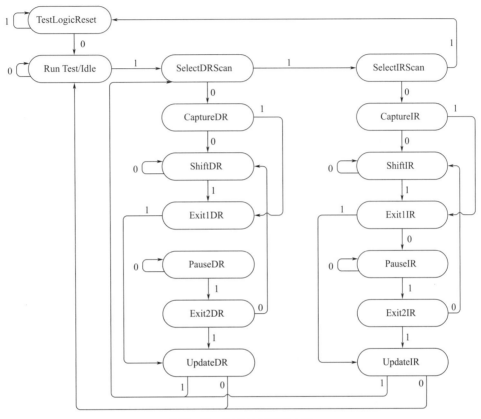

图5-19　TAP控制器状态图

■　（1）测试逻辑复位（Test Logic Reset）

当TAP控制器处于"测试逻辑复位"状态时，测试相关逻辑无效，电路处于正常工作模式。测试逻辑失效可通过初始化包含IDCODE指令的指令寄存器来实现。如果边界扫描设计中并没有可选择的器件识别寄存器，测试逻辑失效也可以通过BYPASS指令实现。

无论TAP控制器处于哪个状态，只要5个及以上的TCK上升沿时检测到TMS为高电平，TAP控制器就将进入"测试逻辑复位"信号状态，而且该状态会持续保持，直至TMS为低电平。此功能可以避免在TMS意外中断之时，TAP控制器执行不必要的操作。在这种状态下，各个扫描组件均会收到一个复位信号，确保它们进入初始状态。这个复位信号会在指令寄存器加载一个空模式，以防止测试逻辑影响内核逻辑的正常动作。

当在TCK上升沿，检测到TMS为低电平时，TAP控制器将进入"运行-测试/空闲"状态，但如果连续3个TCK上升沿发现TMS均为高电平，那么TAP控制器将重新切换为"测试逻辑复位"状态。

除了连续多个TCK时钟上升沿检测到TMS为高电平，可使TAP控制器进入"测试逻辑复位"状态以外，当TRST为低电平或者电路重新上电，也可以使TAP控制器进入"测试逻辑复位"状态。

■ （2）运行-测试/空闲（Run Test/Idle）

这是扫描操作期间TAP控制器的一个状态。只要TMS保持低电平，TAP控制器就保持此状态不变。当在TCK上升沿检测到TMS为高电平时，TAP控制器将切换为"选择数据寄存器扫描"状态。

当TAP控制器处于"运行-测试/空闲"状态时，该状态相当于一个空闲状态。但指令和数据寄存器内容仍会保持上一状态条件下的内容。在这种状态下，内核逻辑会自行执行自检操作。当检测到TMS为高电平时，切换至下一状态。

■ （3）选择数据寄存器扫描（Select DR Scan）

这是TAP控制器的一个临时状态。当TAP控制器处于该状态时，TAP控制器继续执行数据寄存器操作或准备执行与指令寄存器相关的操作，当前指令所选择的数据寄存器保持当前状态不变。TAP控制器处于"选择数据寄存器扫描"状态下，在TCK上升沿时，如果检测到TMS为低电平，则TAP控制器将进入"捕获数据寄存器"状态；如果检测到TMS为高电平时，则TAP控制器将切换到"选择指令寄存器扫描"状态。

■ （4）选择指令寄存器扫描（Select IR Scan）

同"选择数据寄存器扫描"状态，这也是TAP控制器的一个临时状态。当TAP控制器处于该状态时，当前指令所选择的数据寄存器保持当前状态不变，可以判定复位状态或指令寄存器状态。TAP控制器处于"选择指令寄存器扫描"状态下，在TCK上升沿时，如果检测到TMS为低电平，则TAP控制器将进入"捕获指令寄存器"状态；如果检测到TMS为高电平时，则TAP控制器将切换回"测试逻辑复位"状态。

■ （5）捕获数据寄存器（Capture DR）

当TAP控制器处于该状态时，会为所选择的数据寄存器发出ClockDR信号，在TCK的上升沿，可以采用并行方式对当前指令所选择的数据寄存器进行数据加载。如果当前指令所选择的数据寄存器并无并行输入端，或者所选择的测试不需要加载数据时，则寄存器保持当前状态不变。

当TAP控制器处于"捕获数据寄存器"状态下，在TCK上升沿，如果检测到TMS为低电平，TAP控制器将进入"移位数据寄存器"状态；如果检测到TMS为高电平，则TAP控制器将进入"退出1-数据寄存器"状态。

■ （6）移位数据寄存器（Shift DR）

当TAP控制器处于该状态下，基于测试时钟TCK的控制，扫描链上的移位寄存器都向TDO方向移位，不处在扫描链上的寄存器则保持当前状态不变。

当TAP控制器处于"移位数据寄存器"状态下，在TCK上升沿，如果检测到TMS为低电平，TAP控制器将保持自身状态不变；如果检测到TMS为高电平，则TAP控制器将进入"退出1-数据寄存器"状态。

■ （7）更新数据寄存器（Update DR）

TAP控制器处在当前状态下，可防止具有并行输出的寄存器数据发生变化。这种情况通常在EXTEST、INTEST以及RUNBIST等指令时使用。

当TAP控制器处于"更新数据寄存器"状态下，在TCK上升沿，如果检测到TMS为低电平，TAP控制器进入"运行-测试/空闲"状态；如果检测到TMS为高电平，则TAP控制器将进入"选择数据寄存器扫描"状态。

当TAP控制器处于"更新数据寄存器"状态下，在TCK下降沿时，会把数据从移位寄存器路径更新至并行输出上，这就是所谓的更新数据。除了这个状态以及自测试要求外，寄存器中的内容均不会发生变化。

■ （8）捕获指令寄存器（Capture IR）

当TAP控制器处于该状态时，在TCK的上升沿，指令寄存器组中的移位寄存器将装在固定逻辑值的向量。在该状态下，系统会发出指令寄存器ClockIR信号，使其执行并行加载命令。

当TAP控制器处于"捕获指令寄存器"状态下，在TCK上升沿，如果检测到TMS为低电平，TAP控制器将进入"移位指令寄存器"状态；如果检测到TMS为高电平，则TAP控制器将进入"退出1-指令寄存器"状态。

■ （9）移位指令寄存器（Shift IR）

当TAP控制器处于该状态下，基于测试时钟TCK上升沿，连接在TDI和TDO之间的指令寄存器组中的移位寄存器将向输出方向串行移动一位。

当TAP控制器处于"移位指令寄存器"状态下，在TCK上升沿，如果检测到TMS为低电平，TAP控制器将保持自身状态不变；如果检测到TMS为高电平，则TAP控制器将进入"退出1-指令寄存器"状态。

■ （10）更新指令寄存器（Update IR）

当TAP控制器处于"更新指令寄存器"状态下，在TCK下降沿时，会把数据从移位寄存器路径更新至并行输出上。

当TAP控制器处于"更新指令寄存器"状态下，在TCK上升沿如果检测到TMS为低电平，TAP控制器进入"运行-测试/空闲"状态；如果检测到TMS为高电平，则TAP控制器将进入"选择数据寄存器扫描"状态。

■ （11）暂停（Pause）

暂停方式用于协调测试时钟和系统时钟。TAP控制器处于"暂停"状态时，各个寄存器的状态保持不变。在TCK上升沿，如果检测到TMS为低电平，TAP控制器将保持暂停状态；如果检测到TMS为高电平，则TAP控制器将进入"退出2-数据寄存器"状态或"退出2-指令寄存器"状态。

■ （12）退出（Exit）

无论指令流程还是数据流程，均设置了两个退出状态，用于提供状态转移。在TAP控制器中，一共具有4个退出状态，分别为"退出1-数据寄存器""退出2-数据寄存器""退出1-指令寄存器""退出2-指令寄存器"。

当TAP控制器处于"退出"状态下，在TCK上升沿，如果TMS保持高电平，扫描过程将被中断，TAP控制器会进入到相应的更新状态中；如果TMS保持低电平，TAP控制器会进入相应的移位状态中。

关于TAP控制器的操作，必须符合以下要求：

① TAP控制器只有在响应以下任一事件时，才可以改变状态。

·上电；

·TRST逻辑置"0"；

·TCK上升沿。

② TAP控制器控制数据寄存器、指令寄存器以及相关电路时，必须严格按照要求产生信号，具体如图5-20和图5-21所示。

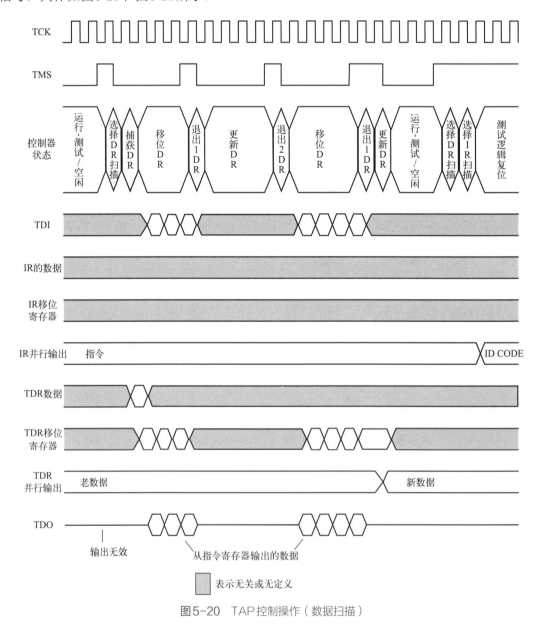

图5-20 TAP控制操作（数据扫描）

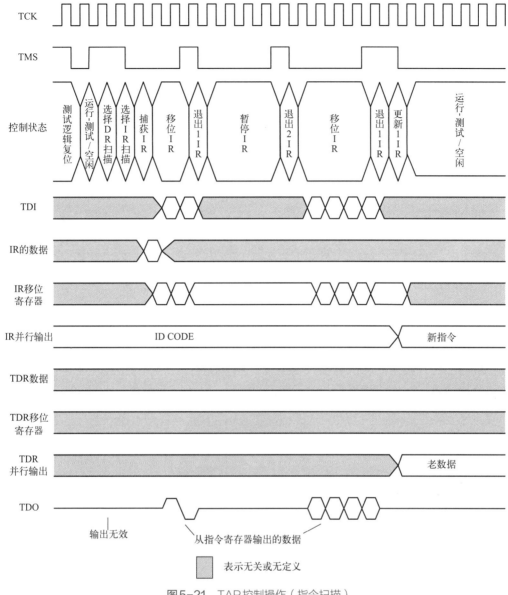

图5-21 TAP控制操作（指令扫描）

③ TDO输出缓冲器以及TDO更新电路应按照表5-1要求进行设计并控制，并且TDO数据的变化需要发生在TCK下降沿。

表5-1 TAP控制器的测试操作

TAP状态	选定驱动的TDO寄存器	驱动TDO的信号
测试逻辑复位	—	无效
运行－测试/空闲	—	无效
选择数据寄存器扫描	—	无效
捕获数据寄存器	—	无效
移位数据寄存器	测试数据	有效

TAP状态	选定驱动的TDO寄存器	驱动TDO的信号
退出1-数据寄存器	指令	有效
暂停-数据寄存器	—	无效
退出2-数据寄存器	—	无效
更新数据寄存器	—	无效
选择指令寄存器扫描	—	无效
捕获指令寄存器	—	无效
移位指令寄存器	指令	有效
退出1-指令寄存器	—	无效
暂停-指令寄存器	—	无效
退出2-指令寄存器	—	无效
更新指令寄存器	—	无效

5.2.6 边界扫描链结构

■ （1）芯片级

基于IEEE 1149.1分层设计，边界扫描设计最初可用于芯片级别，将所有输入输出端口配备边界扫描单元，构成边界扫描寄存器，并配合TAP和TAP控制器加以控制，如图5-22所示。

■ （2）板级

除了芯片级，边界扫描设计也可以应用于PCB级（板级）。如图5-23和图5-24所示，这两幅图分别为单扫描链以及多扫描链的板级边界扫描设计。

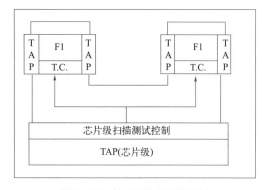

图5-22 芯片级边界扫描设计

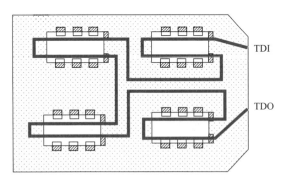

图5-23 板级边界扫描结构（单链）

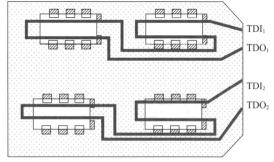

图5-24 板级边界扫描结构（多链）

无论何种结构，加入边界扫描设计后，系统设计成本均会增加，资源开销如图5-25所示，采用边界扫描设计后，总开销会增加6.7% ～ 16.96%。

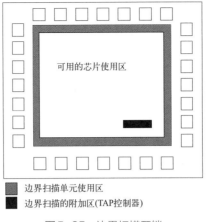

可用的芯片使用区

■ 边界扫描单元使用区
■ 边界扫描的附加区(TAP控制器)

图5-25　边界扫描开销

5.3 边界扫描描述语言

边界扫描描述语言（BSDL，boundary-scan description language）是IEEE边界扫描标准的一部分，是格式严谨的语言，描述符合标准器件的可测性特征，是VHDL的一个子集，它能够制订芯片内硬件的布局。BSDL能够为设计师、测试工程师、工具开发人员和芯片提供商提供一个标准的沟通方式，是标准化信息交换语言。

BSDL不是硬件描述语言，也不具备描述组件功能的能力。BSDL是基于器件的描述，描述的是已完成设计的器件，而不是"正在设计中"的器件。BSDL会指出如何将边界扫描寄存器应用在芯片边界上，如何实现边界扫描指令，等等。BSDL定义了一套用于描述芯片边界扫描布局的VHDL属性。

BSDL描述硬件主要由三部分组成，包括主体（entity）、包（package）和包体（package body）。主体描述和支持其描述的VHDL组件组成了器件的BSDL模型，实际上就是测试逻辑的电子数据表格。主体组件包含参数的说明，描述结构如下所示。其中标记"[ ]"的参数为可选项。

```
entity <component name > is
<generic parameter>
<logical port description>
<standard use statement>
[<use statement>]
<component comformance statement>
<device package pin mappings>
[<grouped port identification>]
<scan port identification>
[<compliance enable description>]
<instruction register description>
[<optional register description>]
[<register access description>]
<boundary-scan register description>
[<runbist description>]
```

```
[<intest description>]
[<BSDLextensions>]
[<design warning>]
end <component name >
```

（1）generic parameter

此处为通用参数。用于描述选择BSDL描述的器件的结构，定义器件的物理封装引脚与器件的端口元件之间的映射关系，其格式如下。

```
<generic parameter>::=
    generic (PHYSICAL_PIN_MAP:string: ) ;
    generic (PHYSICAL_PIN_MAP: string: =<default device package type>) ;
<default device package type>::= "<VHDL identifier>"
```

例如：

```
generic (PHYSICAL PIN MAP: string:="DW") ;
generic (PHYSICAL PIN_MAP: string) ;
```

（2）logical port description

此处为逻辑端口描述。BSDL的端口描述是一个专用的VHDL端口列表，注意此处应该对器件引脚赋以有意义的名称，并给予必要的说明。IEEE 1149.1强烈推荐，对于非数字引脚，如电源、地、无连接和模拟信号等，则需采用 linkage <pin type>描述。其具体格式如下。

```
<logical port description>::= port (<pin spec> {; <pin spec>}) ;
<pin spec>::=<identifier list>: <pin type> <port dimension>
<identifier list>::= <port name> {,<port name>}
<pin type>::= in | out | buffer linout | linkage
<port dimension>::= bit lbit_vector (<range>)
<range>::= <integer_1> to <integer_2>|<integer_2> downto integer_1>
<integer_1>::= <integer>
<integer_2>::= <integer>
```

例如：

```
port (TDI,TMS,TCK: in bit;
TDO: out bit;
IN1,IN2: in bit;
OUT1: out bit;
OUT2: buffer bit;
OUT3: out bit_vector(1 to 8);
OUT4: out bit_vector(5 downto 1);
BIDIR1.BIDIR2: inout bit;
GND,VCC: linkage bit)
```

（3）standard use statement

此处为标准使用说明。这里需要说明采用哪一个标准的 VHDL 组件及其定义的属性、类型、常数以及供参考的信息。其具体格式如下。

```
<standard use statement>::= use <standard VHDL package identifier>.all;
<standard VHDL package identifier>::=
STD_1149_1_1994 | STD_1149_1_2013 | <other package identifier>
<other package identifier>::= <VHDL identifier>
```

例如：

```
use STD_1149_1_1994.all;
```

■ （4）use statement

此处为使用说明，该项为可选项。用于确认采用的用户定义的VHDL组件及其定义的属性、类型常数以及供参考的信息。其具体格式如下。

```
<use statement>::= use <user VHDL package identifier>.all;
<user VHDL package identifier>::= <VHDL identifier>
```

例如：

```
use use Private_Package.all;
```

■ （5）component conformance statement

此处为组件一致性说明，这里说明器件的可测性电路所符合的标准版本。其具体格式如下。

```
<component conformance statement>::= attribute COMPONENT_CONFORMANCE of
<component name>:entity is <conformance string>;
<conformance string>::="<conformance identification>"
<conformance identification>::=
STD_1149_1_1990 | STD_1149_1_1993 | STD_1149_1_2013
```

例如：

```
attribute COMPONENT_CONFORMANCE of My_IC:entity is " STD_1149_1_1993"
```

■ （6）device package pin mappings

此处为封装引脚映射，信号到器件引脚的映射应该用属性和相关的BSDL字符串来定义，其具体格式如下。

```
<device package pin mappings>::= <pin map statement> <pin mappings>
<pin map statement>::= attribute PIN MAP of <component name>: entity is
PHYSICAL_PIN_MAP;
<pinmappings>::=<pin mapping>{<pin mapping>}
<pin mapping>::= constant <pin mapping name>: PIN_MAP_STRING: = <map string>;
<pin mapping name>::=<VHDL identifier>
<map string>::= " <port map> {, <port map>}"
```

```
<port map>::= <port name>: <pin list>
<pin list>::=<pin ID> | (<pin ID>{,<pin ID>})
<pin ID>::= <VHDL identifier> | <integer>
```

例如：

```
attribute PIN_MAP sample: entity is PHYSICAL_PIN_MAP
constant DW:PIN_MAP_STRING:=
    "CLK:1,Q:(2,3,4,5,7,8,9,10),"&
    "D:(23,22,21,20,19,17,16,15),"&
    "GND:6,VCC:18,OC_NEG:24,"&
    "TDO:11,TMS:12,TCK:13,TDI:14";
constant FK: PIN_MAP_STRING:=
    "CLK:9,Q:(10,11,12,15,16,17,18,19), "&
    "D:(6,5,4,3,2,1,26,25), "&
    "GND1:13, VCC1:8, GND2:14, VCC2:22,OC_NEG:8, "&
    "TDO:20,TMS:21,TCK:23,TDI:24";
```

■ （7）grouped port identification

此处为分组端口标识，该项为可选项。描述的是具有相同特性的多个I/O信号。其具体格式如下。

```
<grouped port identification>::=
attribute PORT_GROUPING of <component name>: entity is <group table string>;
group table string>::= "<group table>"
group table>::= <twin group entry> {, <twin group entry>}
<twin group entry>::= <twin group type>  (<twin group list>)
<twin group type>::= DIFFERENTIAL_VOLTAGE | DIFFERENTIAL_CURRENT
<twin group list>::= <twin group> {, <twin group>}
<twin group>::= (<representative port>,<associated port>)
<representative port>::= <port ID>
<associated port>::= <port ID>
```

例如：

```
attribute PIN_MAP of diff :entity is PHYSICAL_PIN_MAP;
constant PACK:PIN_MAP_STRING:="CLK:1,"&
    "Q_Pos: (2,3,4,5), "&
    "Q_Neg:(7,8,9,10), "&
    "D_Pos:(23,22,21,20), "&
    "D_Neg:(19,17,16,15), "&
    "GND:6,VCC:18,OC_NEG:24, "&
    "TDO:11, TMS:12, TCK:13, TDI:14";
attribute PORT_GROUPING of diff : entity is
    "Differential_Voltage ( (Q_Pos (1),Q_Neg (1) ) ,"&
    (Q_Pos (2),Q_Neg (2)), "&
    (Q_Pos (3),Q_Neg (3)), "&
    (Q_Pos (4),Q_Neg (4))), ";
```

■ （8）scan port identification

此处为扫描端口标识，该项为扫描通道中使用的通道名称，必须在通道描述中定义。其具体格式如下。

```
<scan port identification>::=
<TCK stmt> <TDI stmt> <TMS stmt> <TDO stmt> [<TRST stmt>];
<TCK stmt>::=attribute TAP_SCAN_CLOCK of <port ID> : signal is (<clock record>);
<TDI stmt>::= attribute TAP_SCAN_IN of <port ID> : signal is true;
<TMS stmt>::= attribute TAP_SCAN_MODE of <port ID>: signal is true;
<TDO stmt>::= attribute TAP_SCAN_OUT of <port ID>: signal is true;
<TRST stmt>::= attribute TAP_SCAN_RESET of <port ID> : signal is true;
<clock record>::= <real number> , <halt state value>
<halt state value>::= LOW | BOTH
```

例如：

```
attribute TAP_SCAN_IN of TDI : signal is true;
attribute TAP_SCAN_OUT of TDO : signalis true;
attribute TAP_SCAN_MODE of TMS :signal is true;
attribute TAP_SCAN_RESET of TRST: signal is true;
attribute TAP_SCAN_CLOCK of TCK :signal is (20.0f5,LOW)
```

■ （9）compliance enable description

此处为符合性使能描述，该项为可选项。如果器件或者裸片已具有标准描述且可选择的符合性特征，就应该出现BSDL描述。其具体格式如下。

```
<compliance enable description>::= attribute COMPLIANCE_PATTERNS of
<component name> : entity is <compliance pattern string> ;
<compliance pattern string>::= "(<compliance port list>) (<pattern list>)"
<compliance port list>::= <port ID> { , <port ID>}
<pattern list>::= <pattern> { , <pattern>}
```

例如：

```
attribute COMPLIANCE_PATTERNS of My_IC:entity is
"(LD_A. LD _B, LD _P, LD _C, LD _D)  (00001)"
```

■ （10）instruction register description

此处为指令寄存器描述，BSDL应该对指令寄存器的相关特征进行描述，包括指令寄存器长度（至少两位）、指令二进制编码（opcodes）和指令捕获。其具体格式如下。

```
<instruction register description>::= <instruction length stmt>
<instruction opcode stmt>                  .
<instruction capture stmt>
[<instruction private stmt>]
<instruction length stmt>::= attribute INSTRUCTION_LENGTH of <component name>:
entity is <integer>;
```

```
<instruction opcode stmt>::= attribute INSTRUCTION_OPCODE of <component name>:
entity is <opcode table string>;
<instruction capture stmt>::= attribute INSTRUCTION_CAPTURE of <component name>:
entity is <pattern list string>;
<instruction private stmt>::= attribute INSTRUCTION_PRIVATE of <component name>:
entity is <instruction list string>;
<opcode table string>::="<opcode description> {, <opcode description>}"
<opcode description>::=<instruction name> (<pattern list>)
<pattern list>::= <pattern> {, <pattern>}
<pattern list string>::=" <pattern list>
<instruction list string>::= "<instruction list> "
<instruction list>::= <instruction name>{ ,<instruction name>}
```

例如：

```
attribute INSTRUCTION_LENGTH of My_IC;
entity is 4;
attribute INSTRUCTION_OPCODE of My_IC;
entity is
"EXTEST (0011), "&
"EXTEST (1011), "&
"BYPASS (1111), "&
"SAMPLE (0001,1000), "&
"PRELOAD (1001,1000), "&
"HIGHZ(0101), "&
SECRET (1010);
Attribute INSTRUCTION_CAPTURE of My_IC:
entity is  "1000";
```

■ （11）optional register description

此处为可选寄存器描述，应说明已提供的可选器件标志寄存器，以及选中器件标志寄存器指令(IDCODE/USERCODE)后要返回的位向量。其具体格式如下。

```
<optional register description>::= <idcode statement>[<usercode statement>]
<idcode statement>::= attribute IDCODE_REGISTER of <component name>
: entity is <32-bit pattern list string>;
<usercode statement>::= attribute USERCODE_REGISTER of <component name>
: entity is <32-bit pattern list string>;
<32-bit pattern list string>::= "<32-bit pattern list>"
<32-bit pattern list>::= <32-bit pattern> , <32-bit pattern>
```

例如：

```
attribute IDCODE_REGISTER of My_Test_IC: entity is
"0111"&
"0000111100001111"&
"10101000000"&
"1";
```

```
attribute USERCODE_REGISTER of My_Test_IC: entity is
"0000"&"0000"&"0000"&"1111"&
"10XX"&"0011"&"1100"&"1111,"&
"1001"&"1000"&"111X"&"0011"&
"0000"&"0100"&"1001"&"1000";
```

■ （12）register access description

此处为寄存器存取描述，所有的指令应把测试数据置于TDI与TDO之间，用户定义的指令可以存取数据寄存器或设计专用寄存器。设计者根据用户定义指令设计的测试数据寄存器，该描述允许置于器件中。其具体格式如下。

```
<register access description>::=
attribute REGISTER_ACCESS of <component name>:entity is
<register string>;
<register string>::="<register association> {, <register association>}"
<register association>::= <register> (<instruction capture list>)
<instruction capture list>::= <instruction capture> {, <instruction capture>}
<instruction capture>::= <instruction name>[CAPTURES <pattern>]
<register>::= BOUNDARY | BYPASS | DEVICEID |
<VHDL identifier> <left bracket> <register length> <right bracket>
<register length>::= <integer>
```

例如：

```
attribute REGISTER_ACCESS of My_IC: entity is
"BOUNDARY (READBN, READBT, CELLTST), "&
"BYPASS (TOPHIP, SETBYP, RUNT, TRIBYP)"
```

■ （13）boundary-scan register description

此处为边界寄存器描述，BSDL中描述边界扫描寄存器的主要内容有三方面，包括系统数据输入（PI）和输出（PO）；由指令方式信号及两个触发器CAP和UPD控制的两个多路选择器；其他由IEEE 1149.1标准描述的内容。

在IEEE 1149.1标准中已给出了10类边界扫描寄存器单元，分别为BC0～BC9。其具体格式如下。

```
<boundary-scan register description>::= <boundary length stmt> <boundary register
stmt>
<boundary length stmt>::=
attribute BOUNDARY_LENGTH of <component name>:
entity is <integer>;
<boundary register stmt>::= attribute BOUNDARY_REGISTER of <component name>: entity
is <cell table string>;
<cell table string>::="<cell table>"
<cell table>::= <cell entry> {, <cell entry>}
<cell entry>::= <cell number> (<cell info>)
<cell number>::= <integer>
```

```
<cell info>::= <cell spec> [, <disable spec> ]
<cell spec>::= <cell name> , <port ID or null> , <function> , <safe bit>
<cell name>::= <VHDL identifier>
<port ID or null>::= <port ID> |
<function>::=INPUT | OUTPUT2 | OUTPUT3 | CONTROL | CONTROLR | INTERNAL |
CLOCK | BIDIR | OBSERVE_ONLY
<safe bit>:: 0111X
<disable spec>::= <ccell> ,<disable value>,<disable result>
<ccell>::= <integer>
<disable value>::=0 | 1
<disable result>::=Z | WEAK0 | WEAK1 | PULL0 | PULL1 | KEEPER
```

例如：

```
attribute BOUNDARY_LENGTH of My_IC:entity is 18;
attribute BOUNDARY_REGISTER of My_IC:entity is
"17 (BC_1, CLK, input, X), "&
"16 (BC_1, NC, input, X), "&
"15 (BC_1, *, control, 1), "&
...
"3 (BC_1, Q (4) ,output2,X,16,1,Z), "&
"2 (BC_1, Q (4) , output2,X,16,1,Z), "&
"1 (BC_1, Q (6) , output2,X,16,,Z), "&
"0 (BC_1, Q (7) , output2,X,16,1,Z) "
```

■ （14）runbist description

此处为运行内建自测试描述，运行内建自测试描述应该提供RUNBIST支持信息，其具体格式如下。

```
<runbist description>::=
    attribute RUNBIST_EXECUTION of <component name>
        : entity is "<runbist spec>";
<runbist spec>::= <wait spec> ,<pin spec> ,<signature spec>
<wait spec>::= WAIT_DURATION (<duration spec>)
<duration spec>::= <clock cycles list> | <time> [, <clock cycles list>]
<clock cycles list>::= <clock cycles> {,<clock cycles>}
<time>::= <real number>
<clock cycles>::= <port ID> <integer>
<pin spec>::= OBSERVING <condition> AT_PINS
<condition>::= HIGHZ | BOUNDARY
<signature spec>::= EXPECT_DATA <det pattern>
<det pattern>::= <bit>{<bit>}
<bit>::= 0 | 1
```

例如：

```
attribute RUNBIST_EXECUTION of MY_IC:entity is
"Wait_Duration (1.0e-4)"&
```

```
"Observing HIGHZ At_Pins"&
"Expect Data 101010"
```

■ （15）intest description

此处为内测试描述，BSDL 的内测试描述需要包括选择内测试指令后测试向量如何施加给器件，以及选择内测试指令后器件的外部行为，其具体格式如下。

```
<intest description>::=
    attribute  INTEST_EXECUTION of <component name>:
         entity is "<intest spec>";
<intest spec>::= <wait spec> ,<pin spec>
```

例如：

```
attribute INTEST_EXECUTION of My_IC:entity is
"Wait Duration(CLK 100,SYSCLK 200)"&
"Observing BOUNDARY At_Pins"
```

■ （16）BSDL extensions

此处为用户扩展的 BSDL，该项也为一个可选项，描述的是为满足专用需要，在不违反通用 BSDL 定义的前提下扩展 BSDL 的方法。标准的 VHDL 组件 STD_1149_1_2001 定义了 VHDL 亚型 BSDL_EXTENSION，允许用户定义外部属性作为扩展的 BSDL。扩展的 BSDL 出现在实体说明的最后部分，即 DESIGN _WARNING 的前面，这样它们可以参考之前定义的条款，其具体格式如下。

```
<BSDLextensions>::=<BSDL extension>{<BSDLextension>}
BSDL extension>::= <extension declaration> | <extension definition>
<extension declaration>::= attribute <extension name>:BSDL_EXTENSION;
<extension definition>::= attribute <extension name> of <component name>
:entity is <extension parameter string>;
<extension name>::= <entity defined name> | <VHDL package defined name>
<entity defined name>::= <VHDL identifier>
<VHDL package defined name>::= <VHDL identifier>
<extension parameter string>::= <string>
```

例如：

```
Package global_extension is
use STD_1149_1_2001.all;
attribute first_extension :BSDL_EXTENSION;
attribute second extension :BSDL_EXTENSION;
attribute third_extension :BSDL_EXTENSION;
end global_extension;
package body global_extension is
-- 延迟常数定义
end global_extension
```

5.4.1 TAP控制器的硬件描述

如图5-19所示，TAP控制器是由16个状态组成的同步状态机。该状态机可用Verilog硬件描述语言来描述，其代码如图5-26～图5-28所示。其中，图5-26是TAP控制器的输入输出端口、状态参数以及状态机现态更新的描述，图5-27是TAP控制器次态更新代码的描述，图5-28是输出端口逻辑的描述。

```
1     module TAP_Controller (
2         TMS      ,
3         TCLK     ,
4         TRST     ,
5         Rst_n    ,
6         Enable   ,
7         ShiftIR ,
8         ClockIR ,
9         UpdateIR,
10        ShiftDR ,
11        ClockDR ,
12        UpdateDR
13    );
14
15    input       TMS      ;
16    input       TCLK     ;
17    input       TRST     ;
18    output  reg Rst_n    ;
19    output  reg Enable   ;
20    output  reg ShiftIR ;
21    output  reg ClockIR ;
22    output  reg UpdateIR;
23    output  reg ShiftDR ;
24    output  reg ClockDR ;
25    output  reg UpdateDR;
26
27    parameter Test_Logic_Reset =4'h0;
28    parameter Run_Test_Idle    =4'h1;
29    parameter Select_DR_Scan   =4'h2;
30    parameter Capture_DR       =4'h3;
31    parameter Shift_DR         =4'h4;
32    parameter Exit1_DR         =4'h5;
33    parameter Pause_DR         =4'h6;
34    parameter Exit2_DR         =4'h7;
35    parameter Update_DR        =4'h8;
36    parameter Select_IR_Scan   =4'h9;
37    parameter Capture_IR       =4'hA;
```

```
38    parameter Shift_IR          =4'hB;
39    parameter Exit1_IR          =4'hC;
40    parameter Pause_IR          =4'hD;
41    parameter Exit2_IR          =4'hE;
42    parameter Update_IR         =4'hF;
43
44    reg [3:0] tap_current_state;
45    reg [3:0] tap_next_state;
46
47    always @(posedge TCLK or negedge TRST) begin
48        if(!TRST) begin
49            tap_current_state<=Test_Logic_Reset;
50        end
51        else begin
52            tap_current_state<=tap_next_state;
53        end
54    end
```

图5-26 TAP控制器代码（1）

```
56    always @(*) begin
57        case (tap_current_state)
58            Test_Logic_Reset :
59                if (TMS==1'b0) tap_next_state = Run_Test_Idle;
60                else if(TMS==1'b1) tap_next_state = Test_Logic_Reset;
61            Run_Test_Idle:
62                if (TMS==1'b1) tap_next_state = Select_DR_Scan;
63                else if (TMS==1'b0) tap_next_state = Run_Test_Idle;
64            Select_DR_Scan :
65                if (TMS==1'b0) tap_next_state = Capture_DR;
66                else if (TMS==1'b1) tap_next_state = Select_IR_Scan;
67            Capture_DR:
68                if (TMS==1'b0) tap_next_state = Shift_DR;
69                else if (TMS==1'b1)tap_next_state = Exit1_DR;
70            Shift_DR:
71                if (TMS==1'b1) tap_next_state = Exit1_DR;
72                else if (TMS ==1'b0) tap_next_state = Shift_DR;
73            Exit1_DR:
74                if (TMS==1'b0) tap_next_state = Pause_DR;
75                else if (TMS== 1'b1) tap_next_state = Update_DR;
76            Pause_DR:
77                if (TMS==1'b1) tap_next_state = Exit2_DR;
78                else if (TMS==1'b0) tap_next_state = Pause_DR;
79            Exit2_DR:
80                if (TMS==1'b1) tap_next_state = Update_DR;
81                else if (TMS==1'b0) tap_next_state = Shift_DR;
82            Update_DR:
83                if (TMS==1'b0) tap_next_state = Run_Test_Idle;
```

图5-27

```
84              else if (TMS == 1'b1) tap_next_state = Select_DR_Scan;
85          Select_IR_Scan:
86              if (TMS==1'b0) tap_next_state = Capture_IR;
87              else if (TMS==1'b1)tap_next_state = Test_Logic_Reset;
88          Capture_IR:
89              if (TMS==1'b0) tap_next_state = Shift_IR;
90              else if (TMS==1'b1) tap_next_state = Exit1_IR;
91          Shift_IR:
92              if(TMS==1'b1) tap_next_state = Exit1_IR;
93              else if(TMS==1'b0) tap_next_state = Shift_IR;
94          Exit1_IR:
95              if(TMS==1'b0) tap_next_state = Pause_IR;
96              else if (TMS==1'b1) tap_next_state = Update_IR;
97          Pause_IR:
98              if(TMS==1'b1) tap_next_state = Exit2_IR;
99              else if (TMS==1'b0) tap_next_state = Pause_IR;
100         Exit2_IR:
101             if (TMS==1'b1) tap_next_state = Update_IR;
102             else if (TMS==1'b0) tap_next_state = Shift_IR;
103         Update_IR:
104             if (TMS==1'b0) tap_next_state = Run_Test_Idle;
105             else if (TMS==1'b1) tap_next_state = Select_DR_Scan;
106         endcase
107     end
108
```

图5-27 TAP控制器代码（2）

```
109     always @(negedge TCLK) begin
110         Rst_n    =1'b1;
111         Enable   =1'b0;
112         ShiftIR  =1'b0;
113         ShiftDR  =1'b0;
114         ClockIR  =1'b1;
115         UpdateIR =1'b0;
116         ClockDR  =1'b1;
117         UpdateDR =1'b0;
118
119         case(tap_current_state)
120             Test_Logic_Reset:begin
121                 Rst_n=1'b0;
122             end
123             Shift_IR:begin
124                 Enable=1'b1;
125                 ShiftIR=1'b1;
126                 ClockIR=1'b0;
127             end
128             Shift_DR:begin
129                 Enable=1'b1;
```

```
130                ShiftDR=1'b1;
131                ClockDR=1'b0;
132            end
133        Capture_IR:begin
134                ClockIR=1'b0;
135            end
136        Update_IR:begin
137                UpdateIR=1'b1;
138            end
139        Capture_DR:begin
140                ClockDR=1'b0;
141            end
142        Update_DR:begin
143                UpdateDR =1'b1;
144            end
145        endcase
146    end
147    endmodule
```

图5-28   TAP控制器代码（3）

5.4.2   累加器的边界扫描描述

如图5-29所示，该电路为用于CPU计算的累加器模块。试采用BSDL实现其边界扫描代码。

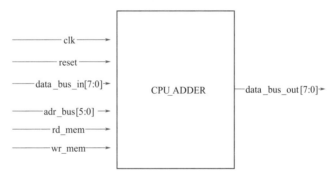

图5-29   CPU累加器模块框图

其BSDL代码如图5-30～图5-32所示。BSDL通过一个VHDL实体声明描述了一个芯片或内核的边界扫描情况。可以通过VHDL泛型参数、端口、常量和属性来描述边界扫描。

其中，第1行定义了边界扫描设计名称为CPU_ADDER；第3行显示了PHYSICAL_PIN_MAP泛型参数的定义，此参数定义了电路上的具体引脚布局，赋值为"D1"；在该参数之后，会按照第5行代码开头所示，定义该芯片的端口；第18行标明了相应定义及属性的VHDL BSDL包；第20行指定了用于边界扫描设计上具体的IEEE 1149.1标准。

从第23行开始，开始为VHDL BSDL包指定多个引脚布局。指定了D1和D2布局，其中每个布局都指定了封装I/O端口要如何映射到设备端口处，这一部分到第38行结束。从第40行开始，定义了TAP端口，它允许使用不同的TAP名称。TAP行语句的属性指定了时钟频率。

其中，TAP状态机状态可以停止。第41行显示了在累加器边界扫描中使用了测试复位。从第45行开始指定指令寄存器、指令操作码、Capture IR 状态默认指令操作码长度。本规范于第55行处结束。

从第57行开始，指定了每一个引脚所连接的单元类型。此部分从指定长度为25的边界扫描寄存器开始，为每个边界扫描引脚指定规范，引脚规范是双引号之内的级联字符串，其中，每个字符串指定了每个端口的 4 个值，这些值分别用于NUM、CELL、PORT和FUNCTION字段。此外，还有一个作为安全默认引脚值的额外字段SAFE。NUM 字段是指扫描链指定端口位置；CELL 字段指定采用哪个标准单元类型；PORT字段指定连接端口的名称；FUNCTION字段则定义了端口类型，如input、output或inout等。

```
1        entity CPU_ADDER is
2    --generic parameter
3        generic (PHYSICAL_PIN_MAP : string :="D1");
4    --logical port descriptionLine
5        port(
6            reset : in bit;
7            data_bus_in :in bit_vector(0 to 7);
8            clk :in bit;
9            adr_bus :out bit_vector (0 to 5);
10           rd_mem :out bit;
11           wr_mem : out bit;
12           data_bus_out :out bit_vector(0 to 7);
13           TDO : out bit;
14           TMS : in bit;
15           TDI : in bit;
16           TCLK : in bit);
17   --standard use statement
18       use STD_1149_1_1994.all;
19   --component conformance statement
20       attribute COMPONENT_CONFORMANCE Of CPU_ADDER is
21           "STD_1149_1_1990";
```

图5-30　CPU累加器的BSDL代码（1）

```
22   -- device package pin mapping
23       attribute PIN_MAP of CPU_ADDER : entity is
24            PHYSICAL_PIN_MAP;
25   -- constant
26       constant D1 : PIN_MAP_STRING :=
27       "reset: 2, data_bus_in: (3,4,5,6,7,8,9,10)," &
28       "clk: 11, adr_bus: (12,13,14,15,16,17)," &
29       "rd_mem: 18,wr_mem:19," &
30       "data_bus_out:(20,21,22,23,24,25,26,27)," &
31       "TDO: 31,TMS: 28,TDI: 30,TCLK: 29";
32   --constant
33       constant D2 :PIN_MAP_STRING :=
34       "reset: 2,data_bus_in: (7,8,9,10,11,12,13,14)," &
```

```
35        "clk:3,adr_bus: (15,16,17,18,19,20)," &
36        "rd_mem: 21,wr_mem: 22," &
37        "data_bus_out: (23,24,25,26,27,28,29,30)," &
38        "TDO: 31,TMS: 5,TDI: 4,TCLK: 6";
39    -- TAP port identification
40        attribute TAP_SCAN_CLOCK of TCLK : signal (1.0e9,BOTH);
41        attribute TAP_SCAN_RESET of TRST : signal is true;
42        attribute TAP_SCAN_MODE of TMS : signal is true;
43        attribute TAP_SCAN_IN of TDI : signal is true;
44        attribute TAP_SCAN_OUT of TDO : signal is true;
45    --instruction register description
46        attribute INSTRUCTION_LENGTH Of CPU_ADDER : entity
47        is 3;
48        attribute INSTRUCTION_OPCODE of CPU_ADDER : entity is
49        "BYPASS (100,101,110,111)," &
50        "INTEST (011),"&
51        "SAMPLE (010),"&
52        "PRELOAD (001),&
53        "EXTEST (000)";
54        attribute INSTRUCTION_CAPTURE of CPU_ADDER : entity
55        is "001";
```

图5-31　CPU累加器的BSDL代码（2）

```
56    -- boundary scan register description
57    attribute BOUNDARY_LENGTH of CPU_ADDER : entity is 25;
58    attribute BOUNDARY_REGISTER of CPU_ADDER:entity is
59    --NUM    CELL     PORT                FUNCTION      SAFE
60    "0       (BC_1, reset,                input,        x), " &
61    "1       (BC_1, data_bus_in(0),       input,        x), " &
62    "2       (BC_1, data_bus_in(1),       input,        x), " &
63    "3       (BC_1, data_bus_in(2),       input,        x), " &
64    "4       (BC_1, data_bus_in(3),       input,         x), " &
65    "5       (BC_1, data_bus_in(4),       input,         x), " &
66    "6       (BC_1, data_bus_in(5),       input,         x), " &
67    "7       (BC_1, data_bus_in(6),       input,         x), " &
68    "8       (BC_1, data_bus_in(7),       input,         x), " &
69    "9       (BC_1, adr_bus(0),           output2,       x), " &
70    "10      (BC_1, adr_bus(1),           output2,       x), " &
71    "11      (BC_1, adr_bus(2),           output2,       x), " &
72    "12      (BC_1, adr_bus(3),           output2,       x), " &
73    "13      (BC_1, adr_bus(4),           output2,       x), " &
74    "14      (BC_1, adr_bus(5),           output2,       x), " &
75    "15      (BC_1, rd_mem,               output2,       x), " &
76    "16      (BC_1, wr_mem,               output2,       x), " &
77    "17      (BC_1, data_bus_out(0),      output2,       x), " &
78    "18      (BC_1, data_bus_out(1),      output2,       x), " &
79    "19      (BC_1, data_bus_out(2),      output2,       x), " &
```

图5-32

```
80    "20     (BC_1, data_bus_out(3),    output2,      x), " &
81    "21     (BC_1, data_bus_out(4),    output2,      x), " &
82    "22     (BC_1, data_bus_out(5),    output2,      x), " &
83    "23     (BC_1, data_bus_out(4),    output2,      x), " &
84    "24     (BC_1, data_bus_out(5),    output2,      x), " ;
85    end CPU_ADDER;
```

图5-32　CPU累加器的BSDL代码（3）

习题

1. 给定一个VLSI电路，其中，G为逻辑门个数，DFF为内部触发器个数，PI为原始输入引脚数，PO为原始输出引脚数。试分析以下操作将造成成本开销的比例。

（1）基于原设计进行全扫描设计，试画出带有可测性设计扫描触发器的电路原理图。

（2）在全扫描设计的基础上，进行边界扫描设计。试画出包括边界扫描引脚的电路原理图。暂时可忽略TAP控制器、ID控制器以及旁路寄存器的开销。

2. 图5-33为边界扫描单元示意图。测试从输入端口移入边界扫描单元，经芯片系统逻辑后，从输出端口移出边界扫描单元。本章介绍了10个边界扫描测试指令，试分析这10个命令的动作数据流。

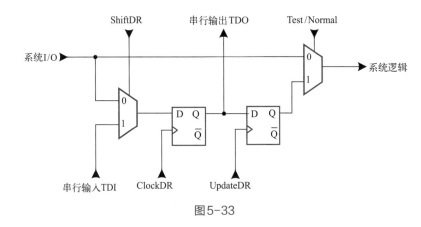

图5-33

3. 以16位计数器为实际电路，试设计该电路的边界扫描电路，并说明JTAG硬件如何实现全扫描链的访问。

4. 一个芯片具有512个引脚，试估算其边界扫描的硬件费用。1个晶体管的费用约为人民币$3.675×10^{-5}$元。平均1个逻辑门使用4个晶体管，1个触发器耗费24个晶体管，TAP控制器内具有262个晶体管。假定该芯片测试向量集内共有256000个测试向量，测试时钟为300MHz。测试仪的费用约为0.315元/s。试计算使用边界扫描测试该芯片的费用。

第 **6** 章

内建自测试

6.1 内建自测试概念

在第4章和第5章中，介绍了两种可测性设计方法，第4章的扫描测试侧重于测试时序电路本身，第5章的边界扫描电路则侧重于芯片级、PCB级乃至系统级测试。但无论哪种测试方法，都严重依赖自动测试设备。如何试着在测试过程中减少甚至不使用自动测试设备呢？这将是本章重点讨论的问题。

图6-1为电路正常工作时的连接图。图6-2为使用自动测试设备时的电路连接图。

图6-1 电路正常工作模式　　　　图6-2 电路外部测试模式

随着集成电路设计与制造工艺的发展，芯片测试过程中发现以下问题：

·芯片的逻辑与引脚的比例日益增高，使得精确地观察器件上的信号难度不断提高，而无法准确观测结果，则无法证明测试的正确性；

·工艺的发展使得密度不断增加；

·测试向量生成以及施加时间不断延长，导致测试时间加长；

·测试依赖自动测试设备，测试数据的存储空间变大；

·测试时钟接近1GHz时，引脚的电感以及费用都很高，因此全速测试时ATE的测试费用非常昂贵；

·设计手法的提高，更多的设计采用硬件描述语言描述，如VerilogHDL、VHDL。使得可测试设计与功能设计问题交织在一起；

·缺乏熟练的测试工程师。

采用内建自测试（BIST），可以一定程度缓解或解决以上问题。内建自测试的电路图如图6-3所示。

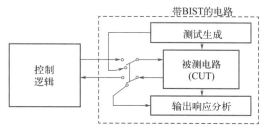

图6-3　内建自测试电路

对于普通测试而言，芯片测试过程中，系统向PCB发出一个控制逻辑，PCB进行测试后，将测试结果返给测试机。BIST能够有效地测试嵌入的元件和互连线，因此减轻了系统级测试的负担，系统级测试只需要专注验证功能本身即可。并且当电路发生故障时，BIST电路会通过信号提示哪个部位发生故障，在提供测试结果的同时，可以大大降低维修费用，也降低了测试的复杂性。

由于BIST电路是设计在芯片内部的，其测试能力会随着工艺的进步而增强，并且BIST测试的开发费用较低，因为该电路可以使用EDA工具自动地添加到电路中，故障覆盖率通常可达90% ～ 95%。一些特殊情况，甚至可以达到99%的故障覆盖率。表6-1给出了在芯片级、PCB级以及系统级BIST的相对费用。

表6-1　内建自测试费用

层次	设计测试	制造	产品测试	维护测试	诊断修理	服务中断
芯片	+/-	+	-			
PCB	+/-	+	-		-	
系统	+/-	+	-	-	-	-

注：+，费用增加；-，费用降低；+/-，增加的费用≈节约的费用。

BIST的费用通常根据硬件需要增加的芯片/电路板的面积来衡量。由于硬件持续变得廉价，增加的逻辑门相对费用在下降，但测试模式的长线费用并没有真正地降低。该费用包括由测试硬件带来的额外的元件负载和延迟所导致的电路延迟增加。需要依据时钟速率进行轻微的电气调整。由于BIST电路占用芯片面积，因此BIST的费用也必须考虑芯片面积增加引起的芯片成品率和芯片可靠性的降低。详细的BIST费用评估标准可参考表6-2。

表6-2　BIST评估标准

故障特性	测试故障类别： · 功能电路中的单固定故障 · 功能电路中的时序故障 · 延迟故障 · 在BIST电路中的单固定故障 故障覆盖率： · 功能电路中检测到故障的百分比 · 在BIST电路中检测到故障的百分比
相关费用	面积开销：附加的有效面积和互连 引脚开销：附加的引脚。至少需要一个引脚用以控制BIST是否工作 性能开销：BIST带来的路径延迟会增加 成品率损失：由增加的面积等因素引起 可靠性降低：由增加的面积引起 增加的设计工作和时间 BIST硬件的可测试性
相关受益	测试和维护费用降低 较低的测试向量生成费用 测试向量存储和维护费用降低 ATE要求低 可并行对多个组件进行低成本的测试 测试向量施加时间缩短 可以以系统速度进行测试
其他特性	BIST结构独立操作 诊断分辨率 BIST结构工程变化的影响

从系统层次结构的角度讲，内建自测试可以分为芯片级、PCB级以及系统级。如图6-4所示，每个层级都将测试向量输入给电路，并通过输出响应分析电路比对结果，给出测试结论，同时通过测试控制模块加以控制。

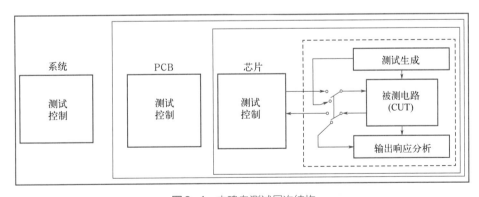

图6-4　内建自测试层次结构

而内建自测试电路本身，一般包括测试向量生成电路、被测电路、数据压缩电路、比较分析电路、理解结果存储电路和自测试控制电路等，如图6-5所示。

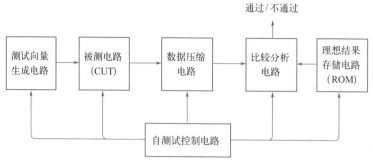

图6-5　内建自测试一般结构

测试向量生成电路所产生的测试向量在测试时钟的作用下施加到被测电路中，为了提高测试效率，提高结果分析能力，采用数据压缩电路采集电路输出响应并进行压缩。通过比较分析电路将电路实际输出结果与理想结果进行对比，结果一致则输出"通过"信息，结果不一致则输出"不通过"信息，整个动作由自测试控制电路整体控制。

被测电路可以为组合电路、时序电路、存储器或者其他类型的电路。需要注意的是，如果被测电路为时序电路，需要在测试向量施加前，对电路进行初始化操作。在设计BIST电路时，注意尽可能降低由测试电路带来的电路资源增长。

6.1.1　内建自测试类型

根据工作状态不同，可以将内建自测试分为以下类型。

■　（1）离线内建自测试

测试不在电路的正常工作条件下进行，可以应用在系统级、板级以及芯片级测试，也可以用在制造、现场和操作级测试，但不能测试实时故障。离线BIST常采用片上测试向量生成器和输出响应分析器。离线BIST又可以分成功能性离线BIST以及结构性离线BIST。功能性离线BIST旨在基于被测电路功能描述的测试，常采用功能级或更高级的故障模型，采用诊断软件时常用这种测试方式。结构性离线BIST主要是基于被测电路结构描述的测试，测试向量的生成以及测试响应分析通常采用合适形式的线性反馈移位寄存器实现。

BIST所有的测试向量生成器常见形式有两种，一种是伪随机测试向量生成器（PRPG，pseudorandom test pattern generation），它采用多输出线性反馈移位寄存器实现；另一种为移位寄存器向量生成器（SRPG，shift register pattern generation），采用单输出的自动方式线性反馈移位寄存器实现。在此，可以认为PRPG是并行随机测试向量生成器，而SRPG则是串行的。

BIST输出响应分析也有两种常见形式，即多输入特征寄存器（MISR，multiple input signature register）和单输入特征分析寄存器（SISR，single input signature register），它们均采用线性反馈移位寄存器实现。后续将详细展开介绍。

■　（2）在线内建自测试

与离线BIST相比，在线BIST允许在被测电路工作过程中进行操作。该操作可以在电路正常工作时进行，也可以在电路空闲状态下进行。在空闲状态下进行需要较长的测试实际时间，但测试过程中可以被打断。

■ （3）混合内建自测试

可以使片上内建自测试电路和片外自动测试设备共享生成数据、响应分析、处理被测电路的测试程序任务，称之为混合内建自测试。

■ （4）并发内建自测试

并发内建自测试并不生成新的测试数据来测试被测电路，它使用与被测电路正常运行时所使用的相同数据。

本书主要研究结构性离线BIST。

6.1.2 内建自测试向量生成

内建自测试向量生成，主要有以下几种方法。

■ （1）穷举测试

穷举测试是对电路中的每一个状态都生成测试向量并予以测试。对于简单的电路来说，这个方法可行，但对于复杂时序电路来说，这个方法是行不通的。这个问题在前边的介绍中已经阐明，这里不做过多赘述。

■ （2）伪随机测试

伪随机测试是采用特定结构的电路来生成测试向量并测试电路，这些测试向量是确定的，并且具有可重复性。伪随机测试向量生成电路可以采用线性反馈移位寄存器（LFSR）电路实现。可以根据具体的需求确定合适的LFSR电路，值得注意的是，需确定是否选择最大长度序列的LFSR。

伪随机测试向量既适用于组合电路的测试，也可用于时序电路的测试。故障覆盖率可由故障模拟确定，测试长度可由可接受的故障覆盖率的值来决定。

■ （3）加权测试

线性反馈移位寄存器相较于计数器，其优点是测试向量各个位出现高电平和低电平的概率近似相等，但为了尽可能减少测试向量的个数，需要每个测试向量位出现高电平和低电平的概率是可调节的，此时需要采用加权测试来实现。该电路可采用自动线性反馈移位寄存器和组合逻辑来构成。

6.2 响应数据分析

在分析被测电路输出响应时，对每一个测试向量的响应都进行捕获和分析是非常不现实的，特别是采用内建自测试电路时，电路输出响应并不能直接观测，更为响应分析增添难度。为了减少测试响应数据的存储空间，并且节省分析时间，通常把测试响应数据加以压缩后分析。基于此思路,测试向量施加后,将整个被测电路的测试响应都压缩至单个数值,则称之为特征符号。对于给定电路,针对不同的测试向量,测试输出响应压缩后得到的特征符号也不相同,如果最终压缩所得特征符号与预期值相同,则证明被测电路无故障。如果最终压缩所得特征符号与预期值不同,则证明被测电路出现故障。

在压缩过程中,因为并不是无损的,因此可能会出现存在故障的被测电路的特征符号与预期值相同的情况,这种现象可称之为"混淆"。"混淆"所导致的不可测故障比例与电路设计以及采用的压缩算法有直接关系。

接下来,介绍几种常见的响应数据压缩方法。

6.2.1 数"1"法

数"1"法是一个较为简单的压缩技术,其基本原理如图6-6所示。被测电路的输出响应输入至计数器模块,计数器对"1"的个数进行计数。针对指定测试向量,电路响应中输出1的个数是固定的。可以通过观测值与预期值进行对比,确认该被测电路是否发生故障。其中,计数器的计数值,也就是"1"的个数,可以称为特征符号。

图6-6 数"1"法原理图

如果故障电路输出响应中"1"的个数与无故障电路输出响应中"1"的个数相同,则出现"混淆"现象。假定电路输出响应长度为N,无故障电路输出响应中"1"的个数为m,则出现"混淆"的概率为$P(m) = C_N^m - 1/(2^N - 1)$。由于$C_N^m$的对称性,当$m$过大或过小时,实际"混淆"概率值回避计算值偏低。此外,输出响应长度N越大,"混淆"的概率会越低。

值得注意的是,数"1"法对于测试输出响应较短,"1"的个数较少的电路相对更适用些。当输出响应较长,"1"的个数又较多的情况,计数器的规模就会变大,测试电路所占用资源也就随之变多。

6.2.2 跳变计数法

图6-7 跳变计数法原理图

由上述介绍得知,数"1"法在输出响应"1"的个数较多时,计数器规模也相应增加,会耗费测试电路资源。因此可以在此基础上进行改进,使用跳变计数法。跳变计数法仍然采用计数器收集被测电路的输出响应,但此时不再是数"1"的个数,而是针对输出响应的变化进行计数。比如在"1→0"和"0→1"的时刻进行计数。原理图如图6-7所示。值得注意的是,此时计数器进行的是"异或"操作。

6.2.3 奇偶校验法

奇偶校验法也是较为简单的一种响应数据压缩方法。原理图如图6-8所示。假定被测电路输出响应长度为N,输出经历N个时钟周期后,可在触发器输出端得到奇偶校验的特征符号,该特征符号如果与预期值一致,则认为被测电路无故障,如果与预期值不一致,则认为被测电路可能发生故障。

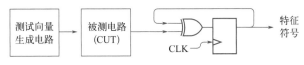

图6-8 奇偶校验法原理图

从电路中也可以看出，奇偶校验法的数据压缩电路其实是线性反馈移位寄存器，该寄存器的原始多项式为$P(x)=x+1$。

6.2.4 签名分析法

签名分析法是利用线性反馈移位寄存器作为数据压缩电路进行特征符号的提取，并与期待值比对，判断被测电路是否发生故障的一种方法。如图6-9所示，该图为二选一数据选择器的电路，可抽象为三输入一输出的电路模型。

对于该电路的测试向量生成，可以采用线性反馈移位寄存器来生成伪随机测试向量，如图6-10所示。

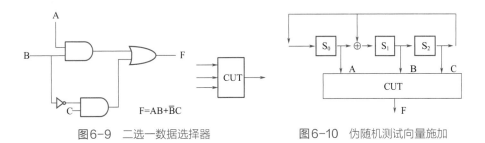

图6-9 二选一数据选择器　　　图6-10 伪随机测试向量施加

该LFSR对应的原始多项式为$P(x)=x^3+x+1$。生成的伪随机测试向量及电路输出响应如表6-3所示。

表6-3 伪随机测试向量及电路输出响应

时间	S_0/A	S_1/B	S_2/C	F
T1	0	0	1	1
T2	1	1	0	1
T3	0	1	1	0
T4	1	1	1	1
T5	1	0	1	1
T6	1	0	0	0
T7	0	1	0	0
T8	0	0	1	1

针对该电路的电路输出响应，可以按时间点逐行确认，但这种方法既费时，准确率又低。因此，可以采用线性反馈移位寄存器作为签名分析器，计算该电路的输出签名。电路连接如图6-11所示。

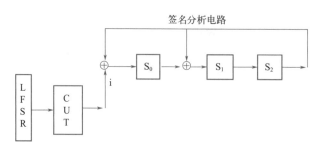

签名分析电路

图6-11　签名分析电路样例

将被测电路输出作为i，以异或门形式连接至签名分析电路中。签名分析电路可自动计算指定时间节点的该电路的签名，详情如表6-4所示。需注意T0时刻需对签名分析电路进行初始化，T6时刻对应的签名分析电路现态值可称之为被测电路的无故障签名，可作为期待值使用。当被测电路在同一时刻的签名与无故障签名一致时，则认为该电路无故障，反之，则认为该被测电路可能发生故障。

表6-4　签名分析结果

时间	i	S_0	S_1	S_2
T0	—	0	0	0
T1	1	1	0	0
T2	1	1	1	0
T3	0	0	1	1
T4	1	0	1	1
T5	1	0	1	1
T6	0	1	1	1

假设该被测电路发生一个5/1的故障，故障方程为$F^*=A+\overline{B}C$，那么电路的输出响应会变成什么？根据电路结构以及故障方程不难推导出结果，如表6-5所示。

表6-5　伪随机测试向量及电路输出响应（5/1）

时间	S_0/A	S_1/B	S_2/C	F^*
T1	0	0	1	1
T2	1	1	0	1
T3	0	1	1	0
T4	1	1	1	1
T5	1	0	1	1
T6	1	0	0	1

将故障电路的输出响应发送给签名分析电路，可得到故障签名，结果如表6-6所示。T6时刻所对应的故障签名为"011"，之前推导的无故障电路签名为"111"。因为故障签名与无故障签名不一致，因此可以推导出该被测电路发生故障，或者说故障被检出。

表6-6　签名分析结果（5/1）

时间	i	S_0	S_1	S_2
T0	—	0	0	0
T1	1	1	0	0
T2	1	1	1	0
T3	0	0	1	1
T4	1	0	1	1
T5	1	0	1	1
T6	1	0	1	1

请各位读者趁热打铁，试着推导下，当电路的故障方程为$F^*=C$时，电路的输出响应会如何变化？电路的故障签名又会是多少？答案如表6-7和表6-8所示。

表6-7　伪随机测试向量及电路输出响应（$F^*=C$）

时间	S_0/A	S_1/B	S_2/C	F^*
T1	0	0	1	1
T2	1	1	0	0
T3	0	1	1	1
T4	1	1	1	1
T5	1	0	1	1
T6	1	0	0	0

表6-8　签名分析结果（$F^*=C$）

时间	i	S_0	S_1	S_2
T0	—	0	0	0
T1	1	1	0	0
T2	0	0	1	0
T3	1	1	0	1
T4	1	0	0	0
T5	1	0	0	0
T6	0	0	1	0

通过以上的案例说明，读者可以更清晰地理解签名分析法的实际应用。那么，签名分析法的质量如何？发生"混淆"的概率为多少呢？我们可以试着计算下。

假定k为签名分析电路的长度，那么不同长度签名分析电路的质量如表6-9所示。可以看出，随着签名分析电路长度的增长，发生"混淆"的概率急剧降低，故障检出效果越来越好。

表6-9 签名分析电路质量分析

长度（k）	"混淆"概率	检出概率
3	$1/2^3 = 12.5\%$	87.5%
5	$1/2^5 = 3.125\%$	96.875%
8	$1/2^8 = 0.3906\%$	99.61%
16	$1/2^{16} \approx 0.002\%$	99.998%
24	$\approx 0\%$	99.999994% $\approx$ 100%

以上案例电路中的签名分析电路仅针对一个电路输出响应进行签名计算，因此可称之为单输入特征分析寄存器或单输入签名分析电路。但大多数的电路输出并不止一个，因此还有一种多输入签名分析电路，如图6-12所示。

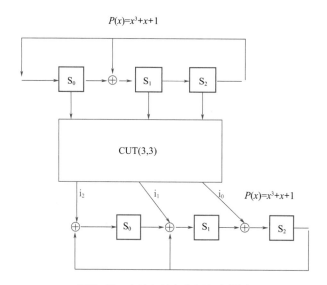

图6-12 多输入签名分析电路样例

根据电路结构，可以推导出该签名分析电路的次态方程，进而推导出各个时刻点，签名分析电路的状态，计算结果如表6-10所示。从表中可以看出，经过6个时钟周期的计算，可得，被测电路在无故障情况下，其多输入签名为"100"。

表6-10 签名分析结果（MISR）

时间	i_2	i_1	i_0	S_0	S_1	S_2
T0	—	—	—	0	0	0
T1	1	0	0	1	0	0
T2	1	1	0	1	0	0
T3	0	1	1	0	0	1
T4	1	0	1	0	1	1
T5	1	1	0	0	0	1
T6	0	1	0	1	0	0

假设该电路发生故障，导致电路输出响应有变化，通过签名分析电路可得到故障签名，如表6-11所示。根据签名分析电路的计算，可得在T6时刻，故障签名为"111"，与无故障签名"100"不一致，因此可判定该电路发生故障。

表6-11　签名分析结果（MISR）

时间	i_2	i_1	i_0	S_0	S_1	S_2
T0	—	—	—	0	0	0
T1	1	0	1	1	0	1
T2	0	1	0	1	1	0
T3	0	0	1	0	1	0
T4	1	1	1	1	1	0
T5	1	1	0	1	0	1
T6	0	1	1	1	1	1

6.3 内建自测试结构

典型的内建自测试是将伪随机测试与其他的可测性设计结构结合起来。在测试电路中，运用伪随机测试向量生成以及响应数据压缩电路进行片内测试，也可以运用相同的机理进行片外测试。

6.3.1　按时钟测试BIST系统

普通的内建自测试的结构如图6-13所示，该结构包含被测电路、用于生成测试向量的自动线性反馈移位寄存器（ALFSR，auto linear feedback shift register）、用于响应数据压缩的MISR、用于存储理想结果的ROM以及自测试控制电路等。控制电路通过"运行BIST"控制信号切换至测试状态，此时ALFSR产生测试向量输入至被测电路中，被测电路的输出响应传送至MISR进行签名计算，所得签名与理想结果进行比对，一致则认为电路无故障，否则判定电路出现故障。

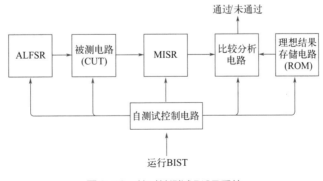

图6-13　按时钟测试BIST系统

6.3.2　按扫描测试BIST系统

在按扫描测试BIST系统中，被测试的每个新故障集合需要一个时钟来实施测试，还需要扫描链的一系列串行移位操作来完成测试向量的施加以及测试结果的读出。因此，在一个给定的电路中，为了检测相同数量的故障，按扫描测试的方法比每个周期测试的方法要占用更多的时间。但即便如此，按扫描测试的方法也不可或缺。相比按时钟测试系统，按扫描测试系统的优点是扫描链和MISR的巧妙组合可以产生比按时钟测试方法小很多的MISR，减少了MISR占用的资源。但是这个节省也大量增加了BIST测试向量的长度。

如图6-14所示，该图给出了一个使用MISR和并行移位寄存器序列生成器的自测试（STUMPS）的按扫描测试系统，该方式最早应用在板级测试中，后扩展到芯片测试上。其中，LFSR生成伪随机测试向量，这些测试向量通过被测系统中的全扫描链移入芯片并驱动内部逻辑。将芯片的输出响应收集到另一个扫描链中，用这些输出响应去驱动MISR并计算签名。这样做的好处是大幅降低了MISR输入的个数。由于MISR的构成不仅有寄存器还有异或门，因此，降低MISR的规模，某种程度上可以降低测试电路的资源消耗。

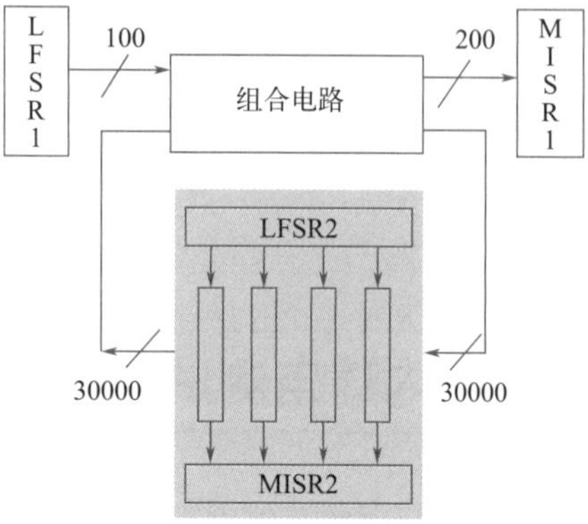

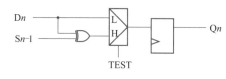

图6-14　按扫描测试BIST系统

6.3.3　循环BIST系统

在循环BIST系统中，硬件测试向量生成器和响应数据压缩器结合到单一的硬件中，是整个循环触发器路径。此时该系统是一个非线性数学BIST系统，叠加原理不成立。其中一些触发器替换成自测试单元，如图6-15所示。

图6-15　单个扫描触发器

在测试模式下，自测试单元将它的D输入与前边的循环自测试路径链中相邻的触发器状态进行异或操作。在寄存器初始化之后，经过一段运行时间，将电路签名从循环寄存器路径中读出。整个路径的多项式可认为是$P(x)=x^n+1$的MISR。但由于整个系统处于非线性状态，因此计算故障覆盖率较难。

6.3.4　内建逻辑块观察器

BIST电路加入不同的LFSR电路可完成伪随机测试向量生成以及签名分析，但增加了电路的复杂性和成本。为了使电路中触发器总数最少，对电路中只完成逻辑功能的寄存器进行再设计，使其产生具有测试向量生成及签名分析功能的结构。这就是只定义了扫描寄存器结果的内建自测试结构式内建逻辑观察器（BILBO, built-in logic block observer）。BILBO是将一个LFSR伪随机测试向量生成器、一个MISR输出响应分析器和一个扫描寄存器与被测电路的内部寄存器组合到一起的一种电路结构。

如图6-16所示，该图表示了特征多项式为$P(x)=x^n+\cdots+x+1$的BILBO。在电路中主要使用了NAND门,因为相对AND门和OR门,NAND门的实现速度更快。其对应的控制模式如表6-12所示。

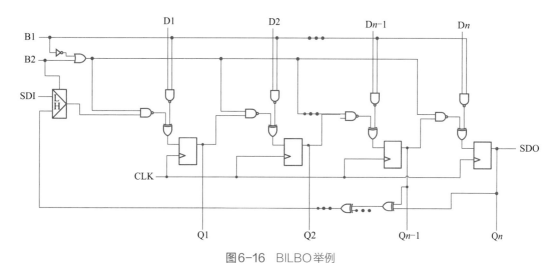

图6-16 BILBO举例

表6-12 BILBO的控制模式

B1	B2	模式
0	0	串行扫描链
0	1	LFSR测试向量生成器
1	0	正常D触发器
1	1	MISR响应压缩器

当B1B2为"00"时,电路动作如图6-17所示。

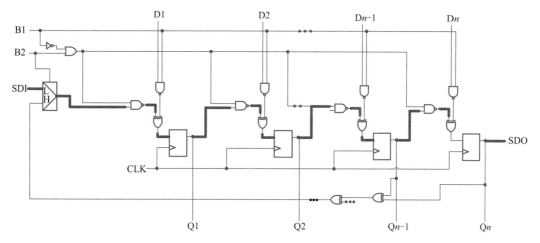

图6-17 BILBO举例(串行扫描模式)

当B1B2为"01"时,电路动作如图6-18所示。
当B1B2为"10"时,电路动作如图6-19所示。
当B1B2为"11"时,电路动作如图6-20所示。

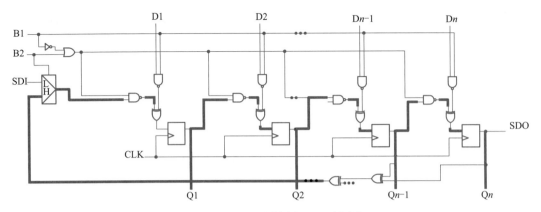

图6-18 BILBO举例（LFSR模式）

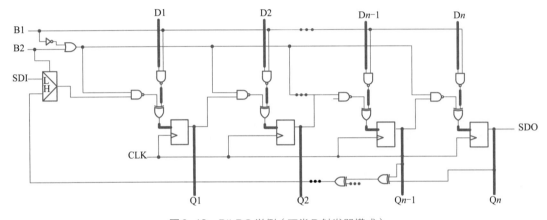

图6-19 BILBO举例（正常D触发器模式）

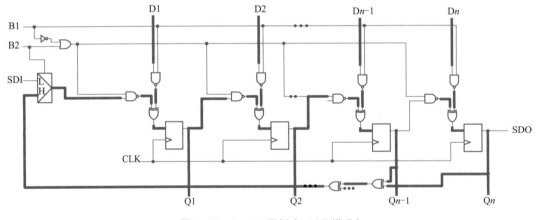

图6-20 BILBO举例（MISR模式）

6.3.5 随机测试块

随机测试块（RTS，random test socket）结合了扫描路径和BIST的特点，测试电路位于被测电路的外部。其典型电路结构如图6-21所示，PRPG是伪随机测试向量生成器电路，MISR是多输入特征寄存器，SRSG是伪随机序列生成器，SSA是单输入特征分析电路。这种结构具有将测试硬件分散化、非边界扫描等特性。

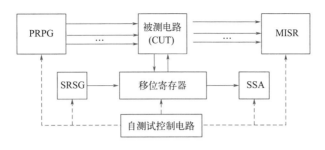

图6-21 RTS电路结构

PTS结构的优点是自动测试向量容易生成，可观测性较好，并且只用一个线性反馈移位寄存器初始化扫描链和给原始输入施加激励信号。MISR既可以用来压缩原始输出的响应，也可以用来压缩扫描链的伪输出响应。RTS的缺点则是和其他方案相比增加的硬件资源较多，并且测试向量的施加时间较长。

6.4 实例

6.4.1 内建自测试电路设计

■ （1）认识案例电路

结合图6-22所示，CUT为二选一数据选择器，试使用Verilog描述该电路，并通过模拟确认其动作。

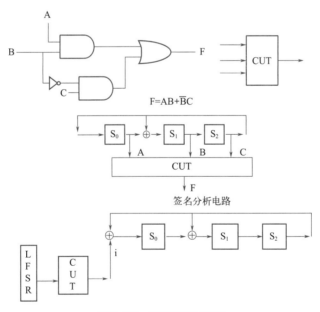

图6-22 内建自测试案例

■ （2）代码实现

该BIST电路由伪随机测试向量输入、被测电路、签名分析电路构成。样例代码如图

6-23～图6-27所示。签名对比波形如图6-28和图6-29所示，其正确签名为2，故障签名为5，因此可以通过签名判断电路是否存在故障（输出固定为C）。

```
1    module lfsr_3(
2        clk    ,
3        rst_n  ,
4        S
5        );
6    input  clk;
7    input  rst_n;
8    output [2:0] S;
9
10   reg [2:0] S;
11
12   always @(posedge clk or negedge rst_n)begin
13       if(!rst_n) begin
14           S<=3'd1;
15       end
16       else begin
17           S[2]<=S[1];
18           S[1]<=S[0]^S[2];
19           S[0]<=S[2];
20       end
21   end
22   endmodule
```

图6-23 内建自测试样例代码（伪随机测试向量生成）

```
1    module sel_2to1(
2        A,
3        B,
4        C,
5        F
6        );
7    input   A;
8    input   B;
9    input   C;
10   output  F;
11
12   assign F= B?A:C;
13
14   endmodule
15
```

图6-24 内建自测试样例代码（被测电路）

```
1    module sisr_3(
2        clk    ,
3        rst_n  ,
```

```
4          F        ,
5          S
6          );
7      input    clk;
8      input    rst_n;
9      input    F;
10     output   [2:0] S;
11
12     reg [2:0] S;
13
14     always @(posedge clk or negedge rst_n)begin
15         if(!rst_n) begin
16              S<=3'd0;
17         end
18         else begin
19              S[2]<=S[1];
20              S[1]<=S[0]^S[2];
21              S[0]<=S[2]^F;
22         end
23     end
24     endmodule
```

图6-25　内建自测试样例代码（签名分析电路）

```
1      module bist_top(
2          clk,
3          rst_n,
4          Signature
5      );
6
7      input clk;
8      input rst_n;
9      output [3:0] Signature;
10
11     wire A,B,C;
12     wire F;
13
14     lfsr_3 lfsr_3(
15         .clk      (clk)   ,
16         .rst_n    (rst_n),
17         .S        ({A,B,C})
18         );
19     sel_2to1 sel_2to1(
20         .A  (A),
21         .B  (B),
22         .C  (C),
23         .F  (F)
```

图6-26

```
24              );
25      sisr_3 sisr_3(
26          .clk    (clk    ),
27          .rst_n  (rst_n  ),
28          .F      (F      ),
29          .S      (Signature)
30          );
31      endmodule
```

图6-26 内建自测试样例代码（顶层）

```
1       module bist_top_tb();
2
3       reg clk;
4       reg rst_n;
5       wire [2:0] Signature;
6
7       parameter PERIOD =20;
8
9       bist_top DUT(
10          .clk    (clk)   ,
11          .rst_n  (rst_n)
12          );
13      initial begin
14          clk=0;
15          forever #(PERIOD/2)
16          clk=~clk;
17      end
18      initial begin
19          rst_n=0;
20          repeat(5) @(negedge clk);
21          rst_n=1'b1;
22      end
23
24      initial begin
25          #2000
26          $stop;
27      end
28
29      endmodule
```

图6-27 内建自测试样例代码（测试平台）

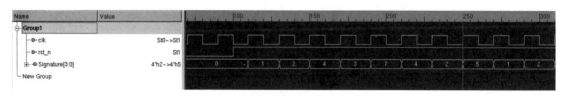

图6-28 正确签名

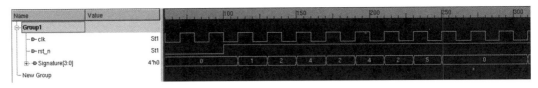

图6-29　错误签名

6.4.2　多输入签名分析电路设计

■ （1）认识案例电路

如图6-30所示，请尝试使用Verilog硬件描述语言设计一个n阶MISR。

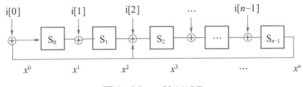

图6-30　n阶MISR

■ （2）代码实现

图6-31是n阶MISR的Verilog代码描述。其中签名分析电路的阶数用参数定义，在使用时可进行重定义，减少了代码修改量，提高了代码的复用率。

```
1    module MISR_n #(parameter n=8) (
2        clk                ,
3        rst_n              ,
4        i_data             ,
5        initial_value      ,
6        coefficient         ,
7        Signature
8        );
9    input   clk;
10   input   rst_n;
11   input   [n-1:0] i_data;
12   input   [n-1:0] initial_value;
13   input   [n-1:0] coefficient;
14   output  [n-1:0] Signature;
15
16   integer i;
17   reg [n-1:0] Signature;
18
19   always @(posedge clk or negedge rst_n)begin
20       if(!rst_n) begin
21            Signature<=initial_value;
22       end
23       else begin
```

图6-31

```
24              Signature[0]<=Signature[n-1]^i_data[0];
25              for(i=1;i<n;i=i+1)begin
26                  Signature[i]<=(Signature[n-1]&coefficient[i])^i_
data[i]^Signature [i-1];
27              end
28          end
29      end
30  endmodule
```

图6-31　n阶MISR代码

习题

1. 试根据计数器的原理设计计数器电路，并按照表6-3的电路输出响应计算计数器的结果。

2. 试根据跳变计数器的原理设计跳变计数器电路，并按照表6-3的电路输出响应计算跳变计数器的结果。

3. 试根据奇偶校验法的原理设计奇偶校验电路，并按照表6-3的电路输出响应计算奇偶校验电路的输出结果。

4. 给定下列二进制多项式：

$$P(x) = x^7 + x + 1$$

（1）画出该多项式所定义的具有 $i_0, i_1, \cdots, i_6$，七个输入端的MISR。注意顺序：i_0 从 S_0 侧输入。

（2）写出该MISR各位寄存器的次态方程。

$$S_0^+ =$$
$$S_1^+ =$$
$$S_2^+ =$$
$$S_3^+ =$$
$$S_4^+ =$$
$$S_5^+ =$$
$$S_6^+ =$$

（3）根据表6-13给出的CUT输出和MISR初始值，计算该电路的无故障签名（fault-free signature）。

表6-13

时钟	CUT 输出							MISR					
	i_0	i_1	i_2	i_3	i_4	i_5	i_6	S_0 0	S_1 0	S_2 0	S_4 0	S_5 0	S_6 0
1	0	0	0	0	0	0	0						
2	0	0	0	0	0	0	1						
3	0	0	0	0	0	1	0						
4	0	0	0	0	0	1	1						
5	0	0	0	0	1	0	0						
6	0	0	0	0	1	0	1						
7	0	0	0	0	1	1	0						
8	0	0	0	0	1	1	1						
9	0	0	0	1	0	0	0						
10	0	0	0	1	0	0	1						
11	0	0	0	1	0	1	0						

续表

时钟	CUT 输出							MISR					
	i_0	i_1	i_2	i_3	i_4	i_5	i_6	S_0	S_1	S_2	S_4	S_5	S_6
								0	0	0	0	0	0
12	0	0	0	1	0	1	1						
13	0	0	0	1	1	0	0						
14	0	0	0	1	1	0	1						
15	0	0	0	1	1	1	0						

（4）由于CUT内部的一个故障，导致CUT在第10个时钟时，输出变为0001111；在第12个时钟时，输出变为0001100，其他输出不变，计算该电路的故障签名。

表6-14

时钟	CUT 输出							MISR						
	i_0	i_1	i_2	i_3	i_4	i_5	i_6	S_0	S_1	S_2	S_3	S_4	S_5	S_6
								第7时刻值参考上一小题答案						
8	0	0	0	0	1	1	1							
9	0	0	0	1	0	0	0							
10	0	0	0	1	①	①	1							
11	0	0	0	1	0	1	0							
12	0	0	0	1	①	①	⓪							
13	0	0	0	1	1	0	0							
14	0	0	0	1	1	0	1							
15	0	0	0	1	1	1	0							

注：○代表CUT故障所影响的输出位。

（5）试分析用签名分析方法及以上15个时钟能否测试CUT的这一故障？

5. 一个电路具有6个电路输出响应，采用MISR进行签名计算，试根据图6-32的电路输出以及签名分析电路结构，计算该电路的无故障签名。

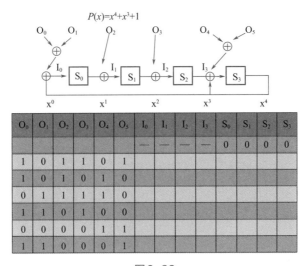

O_0	O_1	O_2	O_3	O_4	O_5	I_0	I_1	I_2	I_3	S_0	S_1	S_2	S_3
						—	—	—	—	0	0	0	0
1	0	1	1	0	1								
1	0	1	0	1	0								
0	1	1	1	1	0								
1	1	0	1	0	0								
0	0	0	0	1	1								
1	1	0	0	0	1								

图6-32

6. 被测电路如图6-33所示，请选择合适的电路生成测试向量，并选择合适的MISR进行签名计算，详细写出设计测试过程。

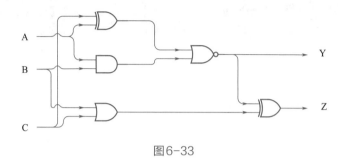

图6-33

7. 被测电路如图6-34所示，请针对该电路，设计合适的BIST电路。

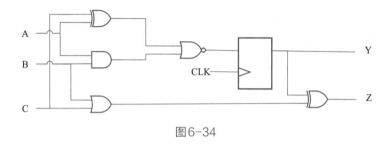

图6-34

第 **7** 章

存储器测试

▶▶ 思维导图

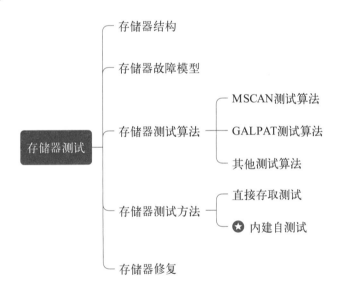

存储器测试
- 存储器结构
- 存储器故障模型
- 存储器测试算法
  - MSCAN测试算法
  - GALPAT测试算法
  - 其他测试算法
- 存储器测试方法
  - 直接存取测试
  - ★ 内建自测试
- 存储器修复

7.1 存储器结构

　　作为系统的一部分，存储器通常是存储的核心，系统功能是否正常很大程度上取决于存储器。因此存储器测试是集成电路测试的一项重要内容，具体原因可以总结为以下几点。

　　① 存储器芯片是电子产品的关键组成部分，目前大部分数字系统都具有集成或者独立的存储器，嵌入式存储器在芯片中所占比例和数量都显著增加。

　　② 随着工艺的发展，存储器芯片的密度和复杂程度日益提高，甚至超过了微处理器。存储器的自测试、自诊断、自修复都成为重点研究对象。

③ 存储器虽是有规律的结构，但其包含时序特征，前文通过可测性设计方法将时序电路测试问题转换成组合电路测试问题。但由于硬件的不同，存储器的测试不能简单地做到这一点。

④ 存储器内具有大量的模拟器件，如存储电容、放大器等，这些因素导致存储器测试同单纯的数字电路测试有所不同，成为最难测试的数字电路类型。

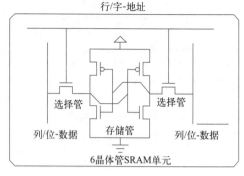

图7-1　SRAM存储单元

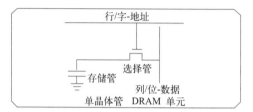

图7-2　DRAM存储单元

存储器包括分为易失性和非易失性存储器。易失性存储器指的是随机存取存储器（RAM, random access memory），主要包括静态随机存取存储器（SRAM, static random access memory）和动态随机存取存储器（DRAM, dynamic random access memory）。SRAM在通电时保留其存储值，而DRAM则需要定时刷新。其电路结构分别如图7-1和图7-2所示。

非易失性存储器包括只读存储器（ROM, read-only memory）、可编程只读存储器（PROM, programmable ROM）、可擦可编程只读存储器（EPROM, erasable programmable ROM）、紫外线可擦只读存储器（UVPROM, Ultra violet programmable

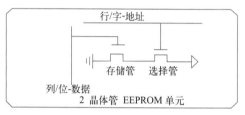

图7-3　EEPROM存储单元

ROM）、电擦除编程只读存储器（EEPROM, electrically-erasable programmable ROM）和闪速存储器（闪存）。其中，EEPROM的电路结构如图7-3所示。

存储器具有多种形式和容量，并不能将它们分开处理。但是由于它们有着共通的读写寻址结构，所以可以按照相同的原则进行测试。可以将存储器用图7-4所示模型简化表示。该

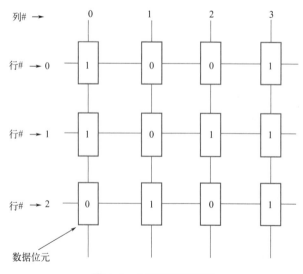

图7-4　存储器简化模型

图为3行4列的存储器，形成存储阵列，每个存储单元由访问地址经译码器译码后寻址可得。除了存储单元、访问地址总线外，读写访问的控制逻辑也不可或缺。

7.2 存储器故障模型

RAM的缺陷包括材料丢失、杂质出现等。

RAM故障检测的第一步必须区分缺陷处于阵列单元中还是处于周边电路。周边电路虽然可以按随机逻辑处理，但其响应只能通过RAM单元观察。

RAM故障检测的第二步是确定描述故障的层次。对应于不同的设计层次，描述存储器的模型就不同，可分为物理级、逻辑级和系统级存储器电路模型。接下来将基于存储阵列及单元的功能故障模型讨论。

RAM故障检测的第三步是测试每个存储单元都能实现以下功能：

· 存储 "1" 和 "0"；
· 能够实现 "0→1" 和 "1→0" 的转换；
· 每一次读操作后能恢复至原来值；
· 保存存储信息。

存储器的功能故障模型包括以下几种。

■ （1）固定故障

固定故障（SAF，stuck-at fault）是某些存储单元永久的存储 "0" 或者 "1" 的情况。固定故障举例如图7-5所示。可能是任意1位的存储单元，或者是一个字节的存储单元。为了测试此故障，需要向指定单元写入 "0" 再读出，确认其结果是否为 "0"；或者向指定单元写入 "1" 再读出，确认其结果是否为 "1"。如果读 "0" 或者读 "1" 时，读出的结果都是同一个值，那么该存储单元则可能发生固定故障。

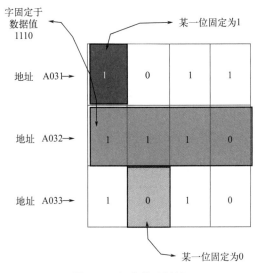

图7-5　固定故障举例

■ （2）转换故障

如果一个存储单元不能从"0"的状态转换到"1"的状态,可以用"↑/0"转换故障
(TF, transition fault) 描述。同样地,如果一个存储单元不能从"1"的状态转换到"0"的
状态,可以用"↓/1"转换故障描述。转换故障是固定故障的一种特殊形式,一个单元可能
具有"↑/0"或"↓/1"转换故障,但不能二者兼具。

■ （3）耦合故障

因短接或寄生效应等原因,使得一个存储单元的状态可能因为其他存储单元的状态改变
而改变,这种故障称为耦合故障(CF, coupling fault)。耦合故障有反相、定值、桥接三种
形式。

反相耦合故障表现为当存储单元a的值发生改变时,存储单元b的值取反。定值耦合故
障表现为当存储单元a的值发生改变时,存储单元b的值变为特定值。

桥接耦合故障则是由于两条或两条以上线短接,导致驱动器和负载晶体管表现为线与、
线或的特征现象,如图7-6所示。

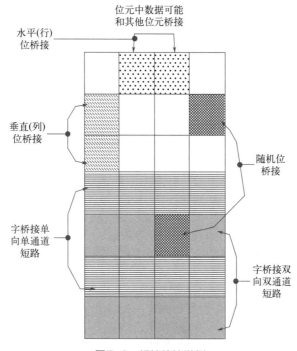

图7-6　桥接故障举例

桥接故障常表现为译码故障,如图7-7所示,由于线短接等原因,导致地址总线连接出
现错误,访问A地址时,实际却访问B地址。译码故障通常有以下几种形式。

· 行译码固定故障导致选择错误地址;
· 行译码桥接故障导致选择多个地址;
· 列译码桥接故障导致选择多个数据位;
· 列译码固定故障导致选择错误数据位;
· 选择线故障导致相似阵列故障影响。

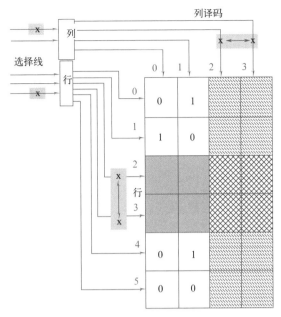

图7-7　译码故障举例

■　（4）邻里图形敏感故障

一个单元因阵列中其他单元的读或写操作导致状态不正确，这种现象可称为图形敏感故障（PSF，pattern sensitive fault）。造成这类故障的主要原因是存储单元密度较高，单元间相互干扰。

邻里图形敏感故障（NPSF，neighborhood pattern sensitive fault）可以以一个存储单元为基础单元，构成五相邻单元或九相邻单元故障模型，如图7-8和图7-9所示。

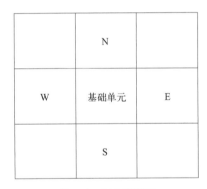

图7-8　五相邻单元

图7-9　九相邻单元

NPSF可分为主动、被动和静止三种类型。主动NPSF为基础单元的状态因其他存储单元的状态变化而改变；被动NPSF为基础单元的状态因其他存储单元状态的变化而改变为特定值；静止NPSF则是其他存储单元的状态变化，但基础单元值不变。

7.3 存储器测试算法

存储器容量不同，测试时间也不一样，如表7-1所示，不同容量、不同测试复杂度，测试时间均不同。因此选择合适的测试算法非常重要。

表7-1　存储器测试时间

容量 /n	测试算法的操作数			
	n/s	$n\log_2n/s$	$n^{3/2}$	n^2/h
1Mbit	0.06	1.26	64.5s	18.3
4Mbit	0.25	5.54	515.4s	293.2
16Mbit	1.01	24.16	1.2h	4691.3
64Mbit	4.03	104.7	9.2h	75060.0
256Mbit	16.11	451.0	73.3h	1200959.9
1Gbit	64.43	1932.8	586.4h	19215358.4
2Gbit	128.9	3994.4	1658.6h	76861433.7

7.3.1　MSCAN测试算法

该测试算法实际上是形式固定的存储器扫描测试序列，即对所有的单元均做以下访问处理。

① 全写"0"；
② 全读"0"；
③ 全写"1"；
④ 全读"1"。

假设存储器的容量为n，该算法的测试次数为$4n$。其测试复杂程度与存储器的容量n成正比。此算法可以用于固定故障的测试，也可以测试极端情况下的功耗问题。

7.3.2　GALPAT测试算法

该算法可以称为漫游或乒乓测试。该算法访问如同在阵列中漫游一样，对每个存储单元均进行写1、读1以及写0、读0操作，结合求补运算也进行"$1\rightarrow0$"和"$0\rightarrow1$"的转换操作，任何两个存储单元均经历"00""01"和"10"状态读写。该算法可以检测固定故障、转换故障、地址译码故障等。其具体算法如图7-10所示。

```
1     For k=0 to 1
2         For i=1 to N
3             Write m at cell i (c∈{0,1})
4         End
5         For i=1 to N
6             Write !m at cell i
7             For j=1 to N
8                 if i≠j
9                     Read cell i
10                    Read cell j
11                End
12            End
```

```
13        Write m at cell i
14        End
15    End
```

图7-10   GALPAT测试算法

7.3.3   其他测试算法

常见的几种March和MATS算法如表7-2所示。

表7-2   March和MATS算法

序号	名称	内容
1	MATS	M0: $\updownarrow$ (w0); M1: $\uparrow$ (r0, w1); M2: $\downarrow$ (r1) ;
2	MATS+	M0: $\updownarrow$ (w0); M1: $\uparrow$ (r0, w1); M2: $\downarrow$ (r1,w0) ;
3	MATS++	M0: $\updownarrow$ (w0); M1: $\uparrow$ (r0, w1); M2: $\downarrow$ (r1,w0,r0) ;
4	March X	M0: $\updownarrow$ (w0); M1: $\uparrow$ (r0, w1); M2: $\downarrow$ (r1,w0) ; M3: $\updownarrow$ (r0) ;
5	March C−	M0: $\updownarrow$ (w0); M1: $\uparrow$ (r0, w1); M2: $\uparrow$ (r1,w0) ; M3: $\downarrow$ (r0,w1); M4: $\downarrow$ (r1, w0) ; M5: $\updownarrow$ (r0) ;
6	March C+	M0: $\updownarrow$ (w0); M1: $\uparrow$ (r0, w1,r1); M2: $\uparrow$ (r1,w0,r0) ; M3: $\downarrow$ (r0,w1,r1); M4: $\downarrow$ (r1, w0,r0) ; M5: $\downarrow$ (r0) ;
7	March A	M0: $\updownarrow$ (w0); M1: $\uparrow$ (r0, w1,w0,w1); M2: $\uparrow$ (r1,w0,w1) ; M3: $\downarrow$ (r1,w0,w1,w0); M4: $\downarrow$ (r0, w1,w0) ;
8	March Y	M0: $\updownarrow$ (w0); M1: $\uparrow$ (r0, w1,r1); M2: $\downarrow$ (r1, w0,r0); M3: $\updownarrow$ (r0) ;
9	March B	M0: $\updownarrow$ (w0); M1: $\uparrow$ (r0, w1,r1,w0,r0,w1); M2: $\uparrow$ (r1,w0,w1) ; M3: $\downarrow$ (r1, w0,w1,w0); M4: $\downarrow$ (r0,w1,w0) ;

表7-2算法内容中的操作说明，可查阅表7-3。

表7-3   算法操作说明

序号	M* (*=0, 1, 2···)	存储器测试阶段
1	w0	向存储单元写入1个0
2	w1	向存储单元写入1个1
3	r0	从存储单元读取1个0
4	r1	从存储单元读取1个1
5	$\updownarrow$	地址升序降序均可
6	$\uparrow$	地址升序访问
7	$\downarrow$	地址降序访问
8	（ ）	（ ）内的所有操作需要对一个存储单元全部操作完成

接下来以各类算法为例，试分析算法如何进行存储器测试。

■ （1）MATS+测试算法案例

首先通过几个小练习，熟悉下算法的使用。对于一个三行四列的存储器，起始地址为

（0，0）。请读者试推导M0阶段执行后，存储器的状态。M0阶段执行命令为"↕(w0)"，根据算法说明，可以按地址升序或降序的顺序，对存储器的每个存储单元进行写"0"操作。M0阶段执行后，存储器状态如图7-11所示。

接下来，试推导M1阶段的操作执行三个存储单元后的存储器状态。答案如图7-12所示。

接下来，请读者试推导M1阶段执行结束，M2阶段的操作执行五个存储单元后的存储器状态。答案如图7-13所示，注意M2阶段是按照地址降序访问。

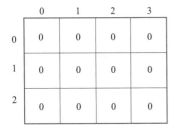
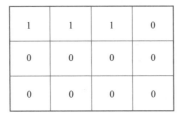
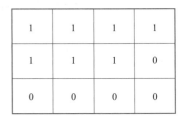

图7-11　MATS+练习操作1　　　图7-12　MATS+练习操作2　　　图7-13　MATS+练习操作3

通过以上练习，相信读者已经对存储器测试算法的操作有了基本的理解，也不难得出MATS+算法在各个阶段执行结束后的存储器状态，如图7-14所示。

```
000      111      000
000      111      000
000      111      000
无故障电路  无故障电路  无故障电路
M0阶段执行后 M1阶段执行后 M2阶段执行后
```

图7-14　MATS+各阶段存储器状态（无故障）

接下来，通过几个故障分析，进一步确认该算法的故障覆盖情况。首先请读者按照MATS+算法的描述，分析在存储单元（1，0）发生固定为"0"的故障时，算法各个阶段执行后的存储器状态，并分析该算法是否能检测出指定单元固定为"0"的故障，如何检出？

在存储单元（1，0）发生固定为"0"的故障时，算法各个阶段执行后的存储器状态可参考图7-15。

```
000      111      000
000      011      000
000      111      000
故障电路    故障电路    故障电路
M0阶段执行后 M1阶段执行后 M2阶段执行后
```

图7-15　MATS+故障分析（固定为0故障）

分析后可发现，存储单元（1，0）发生固定为"0"的故障可以通过MATS+算法检出。在M2阶段，对（1，0）单元进行"r1"操作时，期待读出逻辑值"1"，实际读出逻辑值"0"，实际观测值与期待值不一致，因此可以检出该故障。

请接着思考：在存储单元（1，0）发生固定为"1"的故障时，算法各个阶段执行后的存储器状态，并分析该算法是否能检测出指定单元固定为"1"的故障，如何检出？

在存储单元（1，0）发生固定为"1"的故障时，算法各个阶段执行后的存储器状态可参考图7-16。

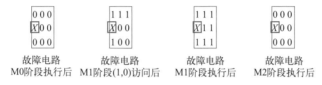

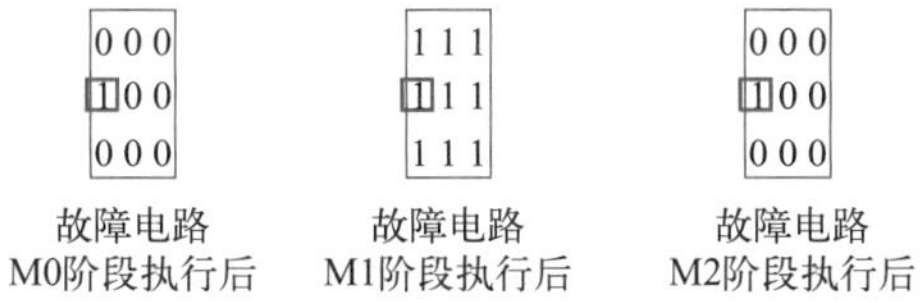
000
100
000
故障电路
M0阶段执行后
111
111
111
故障电路
M1阶段执行后
000
100
000
故障电路
M2阶段执行后

图7-16　MATS+故障分析（固定为1故障）

分析后可发现，存储单元（1, 0）发生固定为“1”的故障可以通过MATS+算法检出。在M1阶段，对（1, 0）单元进行“r0”操作时，期待读出逻辑值“0”，实际读出逻辑值“1”，实际观测值与期待值不一致，因此可以检出该故障。

请接着思考：该存储器发生译码故障，存储单元（1, 0）的地址被译码为（2, 0），试推导算法各个阶段执行后的存储器状态，并分析该算法是否能检测出指定单元的译码故障，如何检出？

在存储单元（1，0）发生译码故障时，算法各个阶段执行后的存储器状态可参考图7-17。

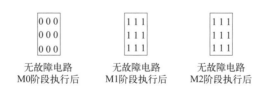

000
X00
000
故障电路
M0阶段执行后
111
X00
100
故障电路
M1阶段(1,0)访问后
111
X11
111
故障电路
M1阶段执行后
000
X00
000
故障电路
M2阶段执行后

图7-17　MATS+故障分析（译码故障）

分析后可发现，存储单元（1, 0）发生译码故障可以通过MATS+算法检出。在M1阶段，对（2, 0）单元进行“r0”操作时，期待读出逻辑值“0”，实际读出逻辑值“1”，实际观测值与期待值不一致，意识到电路可能存在固定故障或译码故障。在M2阶段，对（1, 0）单元进行“r1”操作时，期待读出逻辑值“1”，实际读出逻辑值“0”，实际观测值与期待值不一致，排除固定故障，倾向译码故障。

通过以上案例可发现，MATS+算法可检测固定故障、译码故障等。

■（2）MATS测试算法案例

请读者按照MATS算法的描述，分析在存储单元（2，1）发生固定为“1”的故障时，算法各个阶段执行后的存储器状态，并分析该算法是否能检测出指定单元固定为“1”的故障，如何检出？

按照MATS算法可推导出，存储器无故障时，各个阶段执行完成后的存储器状态如图7-18所示。

000
000
000
无故障电路
M0阶段执行后
111
111
111
无故障电路
M1阶段执行后
111
111
111
无故障电路
M2阶段执行后

图7-18　MATS各阶段存储器状态（无故障）

在存储单元（2, 1）发生固定为“1”的故障时，算法各个阶段执行后的存储器状态可参考图7-19。

分析后可发现，存储单元（2, 1）发生固定为“1”的故障可以通过MATS算法检出。在

故障电路　　　　　故障电路　　　　　故障电路
M0阶段执行后　　　M1阶段执行后　　　M2阶段执行后

图7-19　MATS故障分析（固定为1故障）

M1阶段，对（2, 1）单元进行"r0"操作时，期待读出逻辑值"0"，实际读出逻辑值"1"，实际观测值与期待值不一致，因此可以检出该故障。

接着，试分析在存储单元（2, 1）发生固定为"0"的故障时，算法各个阶段执行后的存储器状态，并分析该算法是否能检测出指定单元固定为"0"的故障，如何检出？

在存储单元（2, 1）发生固定为"0"的故障时，算法各个阶段执行后的存储器状态可参考图7-20。

故障电路　　　　　故障电路　　　　　故障电路
M0阶段执行后　　　M1阶段执行后　　　M2阶段执行后

图7-20　MATS故障分析（固定为0故障）

分析后可发现，存储单元（2, 1）发生固定为"0"的故障可以通过MATS算法检出。在M2阶段，对（2, 1）单元进行"r1"操作时，期待读出逻辑值"1"，实际读出逻辑值"0"，实际观测值与期待值不一致，因此可以检出该故障。

请接着思考，该存储器发生译码故障，存储单元（2, 1）的地址被译码为（1, 1）。试推导算法各个阶段执行后的存储器状态，并分析该算法是否能检测出指定单元的译码故障，如何检出？

在存储单元（2, 1）发生译码故障时，算法各个阶段执行后的存储器状态可参考图7-21。

故障电路　　　　　故障电路　　　　　故障电路
M0阶段执行后　　　M1阶段执行后　　　M2阶段执行后

图7-21　MATS故障分析（译码故障）

分析后可发现，存储单元（2, 1）发生译码故障可以通过MATS算法检出。在M1阶段，对（2, 1）单元进行"r0"操作时，期待读出逻辑值"0"，实际读出逻辑值"1"，实际观测值与期待值不一致，意识到电路可能存在固定故障或译码故障。但仅限于意识到有故障，无法进一步推断出具体故障。

通过以上案例可发现，MATS算法可检测固定故障、译码故障等。

■ （3）March Y测试算法案例

请读者按照March Y算法的描述，分析在存储单元（2, 1）发生固定为"1"的故障时，算法各个阶段执行后的存储器状态，并分析该算法是否能检测出指定单元固定为"1"的故障，如何检出？

按照 March Y 算法，可推导出，存储器无故障时，各个阶段执行完成后的存储器状态如图7-22所示。

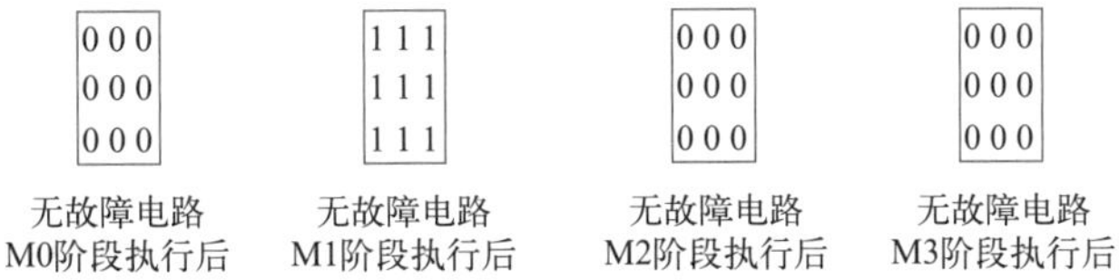

无故障电路　　　无故障电路　　　无故障电路　　　无故障电路
M0阶段执行后　　M1阶段执行后　　M2阶段执行后　　M3阶段执行后

图7-22　March Y 各阶段存储器状态（无故障）

在存储单元（2, 1）发生固定为"1"的故障时，算法各个阶段执行后的存储器状态可参考图7-23。

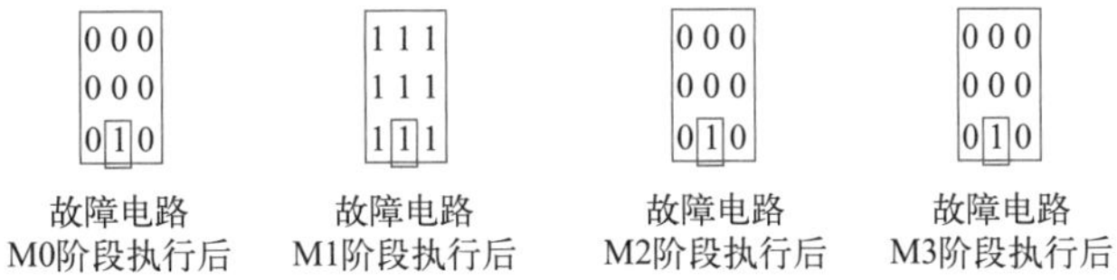

故障电路　　　故障电路　　　故障电路　　　故障电路
M0阶段执行后　M1阶段执行后　M2阶段执行后　M3阶段执行后

图7-23　March Y 故障分析（固定为1故障）

分析后可发现，存储单元（2, 1）发生固定为"1"的故障可以通过 March Y 算法检出。在M1阶段，对（2, 1）单元进行"r0"操作时，期待读出逻辑值"0"，实际读出逻辑值"1"，实际观测值与期待值不一致，因此可以检出该故障。

同样地，在M2阶段、M3阶段，对（2, 1）单元进行"r0"操作时，期待读出逻辑值"0"，实际读出逻辑值"1"，实际观测值与期待值不一致，也可以检出该故障。

接着，试分析在存储单元（2, 1）发生固定为"0"的故障时，算法各个阶段执行后的存储器状态，并分析该算法是否能检测出指定单元固定为"0"的故障，如何检出？

在存储单元（2, 1）发生固定为"0"的故障时，算法各个阶段执行后存储器的状态可参考图7-24。

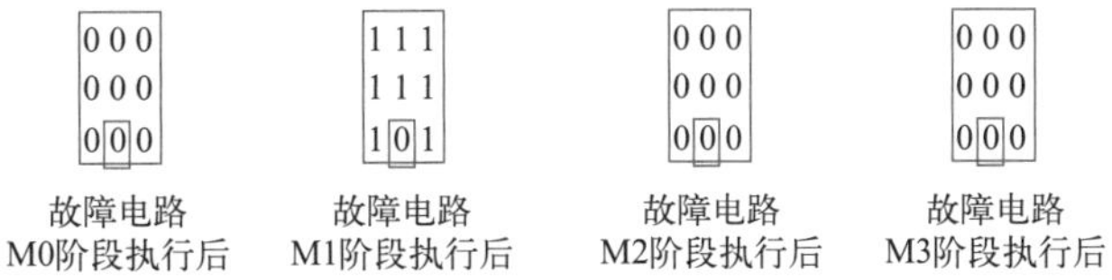

故障电路　　　故障电路　　　故障电路　　　故障电路
M0阶段执行后　M1阶段执行后　M2阶段执行后　M3阶段执行后

图7-24　March Y 故障分析（固定为0故障）

分析后可发现，存储单元（2, 1）发生固定为"0"的故障可以通过 March Y 算法检出。在M1阶段，对（2, 1）单元进行"r1"操作时，期待读出逻辑值"1"，实际读出逻辑值"0"，实际观测值与期待值不一致，因此可以检出该故障。

同样地，在M2阶段，对（2, 1）单元进行"r1"操作时，期待读出逻辑值"1"，实际读出逻辑值"0"，实际观测值与期待值不一致，也可以检出该故障。

请接着思考，该存储器发生译码故障，存储单元（2, 1）的地址被译码为（1, 1）。试推导算法各个阶段执行后的存储器状态，并分析该算法是否能检测出指定单元的译码故障，如何检出？

在存储单元（2, 1）发生译码故障时，算法各个阶段执行后存储器的状态可参考图7-25。

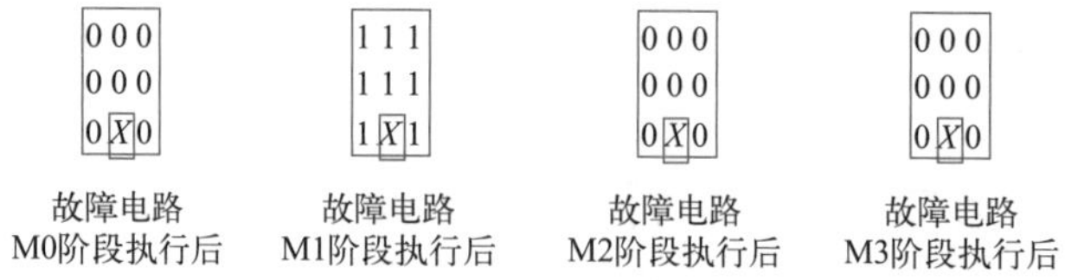

```
0 0 0          1 1 1          0 0 0          0 0 0
0 0 0          1 1 1          0 0 0          0 0 0
[X]0           1[X]1          0[X]0          0[X]0
故障电路        故障电路        故障电路        故障电路
M0阶段执行后    M1阶段执行后    M2阶段执行后    M3阶段执行后
```

图7-25 March Y故障分析（译码故障）

分析后可发现，存储单元（2，1）发生译码故障可以通过 March Y 算法检出。在 M1 阶段，对（2，1）单元进行"r0"操作时，期待读出逻辑值"0"，实际读出逻辑值"1"，实际观测值与期待值不一致，意识到电路可能存在固定故障或译码故障。在 M2 阶段，对（1，1）单元进行"r1"操作时，期待读出逻辑值"1"，实际读出逻辑值"0"，实际观测值与期待值不一致，排除固定故障，倾向译码故障。

通过以上案例可发现，March Y 算法可检测固定故障、译码故障等。

通过 MATS+ 测试算法、MATS 测试算法以及 March Y 测试算法的案例分析，可发现检测率较高的测试算法的复杂度也相对较高，测试更为耗时。

除了面向以"位"为单位的测试以外，还有面向"字节"的测试算法，如 March C+ 算法，图7-26给出了该算法的说明。

如表7-4所示，每种算法可检出的故障不尽相同，测试工程师需根据工艺及电路实际情况选择合适测试算法进行存储器测试。

M0　地址(00) 到地址(最高)
　　　写(5)-初始化
　　　地址增加　　↑w (5)
M1　地址(00) 到地址(最高)
　　　读(5)-写(A)-读(A)
　　　地址增加　　↑ (r (5),w(A),r(A))
M2　地址(00) 到地址(最高)
　　　写(A)-读(5)-写(5)
　　　地址增加　　↑ (w(A),r (5),w(5))
M3　地址(最高) 到地址(00)
　　　读(5)写(A)-读(A)
　　　地址减少　　↓ (r(5),w (A),r (A))
M4　地址(最高) 到地址(00)
　　　读(A)-写(5)-读(5)
　　　地址减少　　↓ (r(A),w (5),r (5))
M5　地址(最高) 到地址(00)
　　　读(5)　　　　↓r (5)
　　　地址减少

图7-26 March C+算法说明

各算法的复杂度如表7-5所示。

表7-4 各测试算法故障覆盖表

算法	固定故障	地址故障	跳变故障	反相耦合故障	等幂耦合故障	动态耦合故障	连接故障
MATS	全部	一些					
MATS+	全部	全部					
MATS++	全部	全部	全部				
MarchX	全部	全部	全部	全部			
MarchC−	全部	全部	全部	全部	全部	全部	
MarchC+	全部	全部	全部	全部			
MarchA	全部	全部	全部	全部			一些
MarchY	全部	全部	全部	全部			一些
MarchB	全部	全部	全部	全部			一些

表7-5　各测试算法复杂度

算法	复杂度
MATS	$4n$
MATS+	$5n$
MATS++	$6n$
MarchX	$6n$
MarchC−	$10n$
MarchA	$15n$
MarchY	$8n$
MarchB	$17n$

7.4 存储器测试方法

存储器的测试方法有直接存取测试（DAMT，direct access memory test）、存储器内建自测试（MBIST，memory built-in self-test）和宏测试（macro test）三种方法。

7.4.1 存储器直接存取测试

存储器直接存取测试的核心思想是增加逻辑，在测试设备中增加对存储器地址选择、输入/输出数据和控制信号的响应逻辑。需要有能够测试存储器的ATE，且有足够的原始输入输出和电路资源。原理图如图7-27所示。由于需要更多的端口和电路资源，所以这种测试方法更适合小规模的存储器测试。

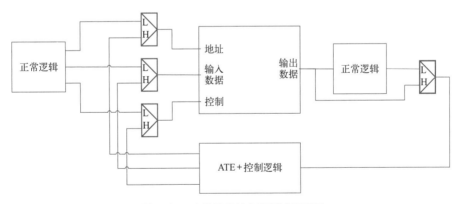

图7-27　存储器直接存取测试原理图

7.4.2 存储器内建自测试

不仅容量大的存储器不适合存储器直接存取测试，嵌入式存储器也不适合存储器直接存取测试。因为嵌入式存储器不同于独立的存储器芯片，它在芯片内部，作为存储器直接可以使用的输入输出引脚非常的少,甚至没有。因此直接导致嵌入式存储器在测试时,可控制性和可观测性都非常差。多种故障类型以及测试向量长度的增加,也加大了嵌入式存储器测试的难度。随着集成电路集成度的发展,测试大容量的存储器对ATE也是极大的挑战。

解决这些问题较为有效的方法就是存储器内建自测试(MBIST)。选择合适的存储器测试算法,建立存储器内建自测试电路,可以最大程度上提高测试效率以及故障覆盖率。

存储器内建自测试的原理图可参考图7-28。在BIST控制器的控制下,存储器可以从正常工作模式切换至内建自测试模式,通过测试向量生成模块自动生成测试向量。此处可根据存储器的特点,选择合适的存储器测试算法。通过输出响应分析模块进行响应压缩,可采用MISR等电路结构实现。将实际观测结果与预期值进行比对,结果一致则存储器测试通过,否则判断存储器测试不通过。当然,绝大多数的存储器都会存在有故障的存储单元,这并不意味着存储器不能够使用,后期可以采取其他技术手段加以修正。

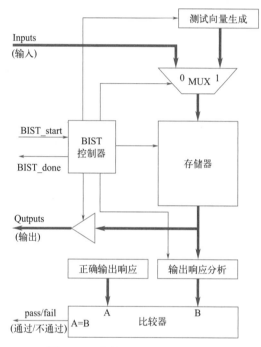

图7-28 存储器内建自测试原理图

MBIST电路模块图如图7-29所示。

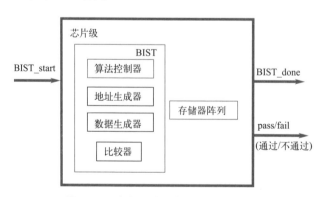

图7-29 存储器内建自测试电路模块图

MBIST不仅可以应用在单个存储器测试上，也可以应用于集成测试。图7-30为MBIST电路的集成。

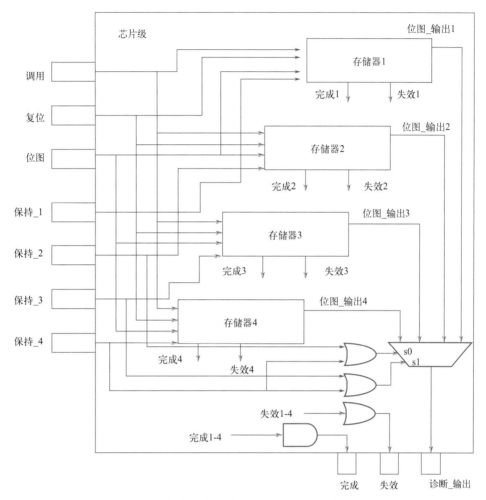

图7-30　存储器内建自测试电路集成

与其他存储器测试方法相比，MBIST的硬件开销最大，但由于MBIS能够在可接受的时间范围内提供高质量、高效率、低成本、可靠的存储器测试，因此在存储器测试中备受青睐。目前，可以通过EDA工具自动生成存储器内建自测试模块，降低了开发成本，进一步缩短了测试时间。

7.4.3　宏测试

存储器宏测试中，测试设备把模型级/宏级的测试向量转换成芯片级的测试向量，利用ATE设备以及电路内部的扫描链施加测试向量、观测测试响应。

宏测试适合于对性能要求较高的存储阵列。大多数宏测试采用并行方式测试，可并行测试多个宏。当其他测试方式难以提高芯片测试的故障覆盖率时，可选择宏测试。

在测试过程中，需要根据存储器的特点以及测试需求，选择合适的测试方法。各类存储器测试方法对比结果如表7-6所示。

表7-6　各类存储器测试方法对比

测试方法	DAMT	MBIST	宏测试
对设计过程的影响	布局面积 增加大量I/O 性能	布局面积 增加控制逻辑 共享I/O 性能	无须额外I/O 共享扫描链
测试时间	相同	相同	较长
测试数据	测试算法在ATE上运行	测试算法在片内运行	测试向量在ATE上运行
故障覆盖率	算法相同，故障覆盖率相同		

7.5 存储器修复

理论情况下，完美的存储器是不存在的。因此，在存储器制造过程之中，总会制造出一些备用的行列存储单元，以替代有故障的存储单元。当检测到存储器某行或者某列可能存在故障时，采用激光设备熔断相应行列，采用备用行列进行替代，就是存储器的修复。

嵌入式存储器除了采用MBIST电路进行自测试以外，也可以采用内建自修复（BISR，built in self-repair）技术，提高存储器的成品率。BISR的基本结构如图7-31所示。

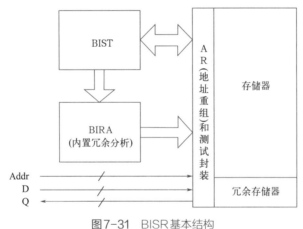

图7-31　BISR基本结构

除了上述硬件修复的方法外，也可以采用软修复方式。软修复方式就是采用地址映射关系，将有故障的存储单元旁路掉，不进行存取访问，并把地址映射到其他无故障的存储单元，以保证存储器的正常工作。

7.6 实例

■ （1）目标

试设计一款存储器内建自测试电路，并使用Verilog硬件描述语言实现。

■ （2）电路设计

MBIST电路设计可以细化，如图7-32所示。其核心逻辑由BIST控制器实现，其中包括算法控制器，控制电路处在哪个测试阶段。测试地址、读写控制以及测试向量的序号均由计数器实现，根据测试规模不同，计数器规模相应调整。根据测试向量序号，通过译码器生成测试向量的同时，也生成输出期待值，即正确输出响应。译码器不同，对应算法也不同。最后通过比较器将输出响应与期待值比较，得出最终测试结果。

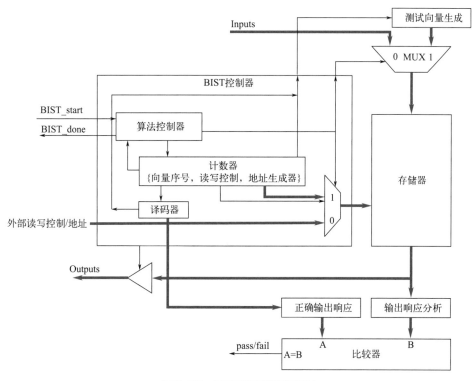

图7-32　MBIST电路详细设计

假设存储器大小为8bit×32，相当于1字节×2^5，地址总线宽度应为5。同时，假设测试向量数为8，则需要占计数器的3位宽。因此，计数器宽度应为5+1+3=9。其中8个测试向量如表7-7所示。

表7-7　测试向量表

序号	测试向量
0	0000_0000
1	1111_1111
2	0011_0011
3	1100_1100
4	0101_0101
5	1010_1010
6	0000_1111
7	1111_0000

■ （3）代码实现

计数器代码如图7-33和图7-34所示。图7-33主要描述计数器端口以及计数器整体动作，该计数器支持异步复位、加载、向上/向下计数、保持等功能，计数器宽度通过参数设置可以重定义。图7-34主要描述计数器进位功能。

```verilog
1    module Counter
2    #(
3       parameter WIDTH=8
4    )
5    (
6       //global   clock
7       input               clk,
8       input               rst_n,    // 计数器复位
9       //user interface
10      input               LD,       // 计数初值输入使能
11      input               EN,       // 计数使能
12      input               UD,       // 上 / 下行计数 ( 高电平向上 )
13      input    [WIDTH-1:0] pre_value,
14      //output
15      output   reg [WIDTH-1:0] cnt_value,
16      output   reg             cnt_carry
17   );
18
19   /************************************************************************/
20   //counter block
21   /************************************************************************/
22   //reg      [WIDTH-1:0]   cnt_value;
23
24   always @(posedge clk or negedge rst_n) begin
25       if (!rst_n) begin
26           cnt_value <= {WIDTH{1'b0}};
27       end
28       else if(LD) begin
29            cnt_value <= pre_value;
30       end
31       else if (EN) begin
32           if (UD) begin
33               cnt_value <= cnt_value + 1;
34           end
35           else begin
36               cnt_value <= cnt_value - 1;
37           end
38       end
39   end
40
```

图7-33　计数器代码（1）

```
41    always @(posedge clk or negedge rst_n) begin
42        if (!rst_n) begin
43                cnt_carry <= 1'b0;
44        end
45        else if(cnt_value=={WIDTH{1'b1}})begin
46                cnt_carry <= 1'b1;
47        end
48        else begin
49                cnt_carry <=1'b0;
50        end
51    end
52
53    endmodule
```

图7-34 计数器代码（2）

译码器电路实现代码如图7-35所示。该代码主要用于生成测试向量以及期待值。

```
1     module Decoder(
2         input        [2:0]      in_data,
3         output   reg [7:0]      out_data
4     );
5
6     always @(in_data)
7     begin
8       case(in_data)
9             3'd0:begin out_data = 8'b0000_0000;  end
10            3'd1:begin out_data = 8'b1111_1111;  end
11            3'd2:begin out_data = 8'b0011_0011;  end
12            3'd3:begin out_data = 8'b1100_1100;  end
13            3'd4:begin out_data = 8'b0101_0101;  end
14            3'd5:begin out_data = 8'b1010_1010;  end
15            3'd6:begin out_data = 8'b0000_1111;  end
16            3'd7:begin out_data = 8'b1111_0000;  end
17            default:begin out_data = 8'b0000_0000;  end
18        endcase
19    end
20    endmodule
```

图7-35 译码器代码

算法控制器的代码如图7-36所示。该电路的本质是一个两状态的状态机，状态分别为正常工作模式和自测试模式。当外界内建自测试启动信号有效时，进入自测试模式；当一轮测试结束后，返回正常工作模式。该电路共产生3个输出信号。分别为自测试完成信号（BIST_done）、测试使能信号（test_en）和加载信号（ld），其中BIST_done信号有效时，代表一轮测试结束；test_en信号有效时，代表切换到测试模式；ld信号有效时，将用于加载计数器初始值。

```
1    module MBIST_Controller
2    (
3      input      clk,
4      input      rst_n,
5      input      cnt_carry,
6      input      BIST_start,
7      output     BIST_done,
8      output     test_en,
9      output     ld
10   );
11
12   parameter NORMAL = 1'b0;
13   parameter TEST   = 1'b1;
14
15   reg currunt_state;
16   reg next_state;
17
18   always @(posedge clk or negedge rst_n) begin
19       if(!rst_n) begin
20            currunt_state<=NORMAL;
21       end
22       else begin
23            currunt_state<=next_state;
24       end
25   end
26
27   always @(*) begin
28       case(currunt_state)
29            NORMAL: begin
30                if(BIST_start) begin
31                     next_state=TEST;
32                end
33                else begin
34                     next_state=NORMAL;
35                end
36            end
37            TEST: begin
38                if(cnt_carry) begin
39                     next_state=NORMAL;
40                end
41                else begin
42                     next_state=TEST;
43                end
44            end
45            default:next_state=NORMAL;
46       endcase
47   end
48
```

```
49   assign BIST_done = ((next_state==NORMAL)&(currunt_state==TEST))? 1'b1 : 1'b0;
50   assign test_en  = (currunt_state==TEST) ? 1'b1 : 1'b0;
51   assign ld = (currunt_state==NORMAL) ? 1'b1 : 1'b0;
52
53   endmodule
```

图7-36 算法控制器代码

数据选择器依然为二选一数据选择器，参考代码如图7-37所示，其中数据宽度采用参数定义。

```
1    module sel_2to1 #(parameter WIDTH=8)
2    (
3        data_a,
4        data_b,
5        sel,
6        data_out
7        );
8    input  [WIDTH-1:0] data_a;
9    input  [WIDTH-1:0] data_b;
10   input  sel;
11   output [WIDTH-1:0] data_out;
12
13   assign data_out= sel ? data_a : data_b;
14
15   endmodule
```

图7-37 数据选择器代码

存储器可以选用EDA工具自带的IP核，也可以用户手动实现，其参考代码如图7-38所示。其中，23～33行是故障插入代码，用于确认存储器内建自测试系统的正确性。

```
1    module ram (
2        address,
3        clock,
4        data,
5        wren,
6        q);
7
8    input  [4:0]  address;
9    input       clock;
10   input  [7:0]  data;
11   input       wren;
12   output [7:0]  q;
13
14   reg [7:0] mem [31:0];
15
16   //no fault
17   always @(posedge clock)begin
```

图7-38

```
18        if(!wren)begin
19            mem[address] <= data;
20        end
21    end
22
23    ////sta fault
24    //always @(posedge clock)begin
25    //  if(!wren)begin
26    //      if(address==5'h5)begin
27    //          mem[address] <= 8'h10;
28    //      end
29    //      else begin
30    //          mem[address] <= data;
31    //      end
32    //  end
33    //end
34
35    assign q = wren ? mem[address] : 0 ;
36
37    endmodule
38
```

图7-38 存储器代码

MBIST的顶层代码可参考图7-39和图7-40，其中，6 ~ 27行是输入输出信号声明及内部变量声明，29 ~ 81行是各个子模块的实例化，83 ~ 104行是测试结果信号和输出数据逻辑描述代码。

```
1    module MBIST_top #(
2        parameter ADDRESS_WIDTH=5,
3        parameter DATA_WIDTH=8
4    )
5    (
6        input                        clk,
7        input                        rst_n,
8
9        input                        normal_rw,
10       input    [ADDRESS_WIDTH-1:0] normal_address,
11       input    [DATA_WIDTH-1:0]    normal_data_in,
12       output   [DATA_WIDTH-1:0]    normal_data_out,
13
14       input                        BIST_start,
15       output                       BIST_done,
16       output   reg                 pass
17   );
18
19   wire    [2:0]                vector_num;
20   wire                         test_rw; //0:write,1:read
21   wire    [ADDRESS_WIDTH-1:0] test_address;
```

```
22    wire    [DATA_WIDTH-1:0]    exp_data;
23    wire    [DATA_WIDTH-1:0]    ram_data_in;
24    wire    [DATA_WIDTH-1:0]    ram_data_out;
25    wire                        ram_rw;
26    wire    [ADDRESS_WIDTH-1:0] ram_address;
27    reg     ram_rw_lt;
28
29    MBIST_Controller MBIST_Controller
30    (
31        .clk        (clk           ),
32        .rst_n      (rst_n         ),
33        .cnt_carry  (cnt_carry     ),
34        .BIST_start (BIST_start    ),
35        .BIST_done  (BIST_done     ),
36        .test_en    (test_en       ),
37        .ld         (ld            )
38    );
39    Counter #(9) Counter
40    (
41        .clk        (clk           ),
42        .rst_n      (rst_n         ),
43        .LD         (ld            ),
44        .EN         (1'b1          ),
45        .UD         (1'b1          ),
46        .pre_value  (9'h0          ),
47        .cnt_value  ({vector_num,test_rw,test_address}),
48        .cnt_carry  (cnt_carry     )
49    );
```

图7-39 MBIST顶层代码（1）

```
50    Decoder Decoder(
51        .in_data (vector_num    ),
52        .out_data(exp_data      )
53    );
54    sel_2to1 #(DATA_WIDTH) sel_ram_data
55    (
56        .data_a     (exp_data        ),
57        .data_b     (normal_data_in  ),
58        .sel        (test_en         ),
59        .data_out   (ram_data_in     )
60        );
61    sel_2to1 #(1) sel_ram_rw
62    (
63        .data_a     (test_rw         ),
64        .data_b     (normal_rw       ),
65        .sel        (test_en         ),
66        .data_out   (ram_rw          )
```

图7-40

```
67          );
68      sel_2to1 #(ADDRESS_WIDTH) sel_ram_address
69      (
70          .data_a          (test_address    ),
71          .data_b          (normal_address  ),
72          .sel             (test_en         ),
73          .data_out        (ram_address     )
74          );
75      ram     ram_inst (
76          .address         ( ram_address    ),
77          .clock           ( clk            ),
78          .data            ( ram_data_in    ),
79          .wren            ( ram_rw         ),
80          .q               ( ram_data_out   )
81          );
82
83      always @(posedge clk or negedge rst_n)begin
84          if(!rst_n)begin
85              ram_rw_1t<=1'b0;
86          end
87          else begin
88              ram_rw_1t<=ram_rw;
89          end
90      end
91
92      always @(posedge clk or negedge rst_n)begin
93          if(!rst_n)begin
94              pass<=1'b0;
95          end
96          else if(!ram_rw)begin
97              pass<=1'b1;
98          end
99          else if(test_en & ram_rw_1t)begin
100             pass<=(ram_data_out==exp_data);
101         end
102     end
103
104     assign normal_data_out=ram_data_out;
105
106     endmodule
```

图7-40 MBIST顶层代码（2）

测试平台代码如图7-41所示，由于是存储器内建自测试电路，因此在测试平台中，仅需要提供时钟和复位信号即可，其他输入信号可以取固定值。

```
1       `timescale 1ns/1ns
2       module MBIST_top_tb();
3
4       parameter ADDRESS_WIDTH=5;
```

```
5   parameter DATA_WIDTH=8;
6   parameter PERIOD =20;
7
8       reg                              clk                    ;
9       reg                              rst_n                  ;
10      reg                              normal_rw              ;
11      reg        [ADDRESS_WIDTH-1:0] normal_address          ;
12      reg        [DATA_WIDTH-1:0]    normal_data_in           ;
13      wire       [DATA_WIDTH-1:0]    normal_data_out         ;
14
15      reg                              BIST_start            ;
16      wire                             BIST_done             ;
17      wire                             pass                  ;
18
19  MBIST_top #(
20      ADDRESS_WIDTH,
21      DATA_WIDTH
22  )
23  MBIST_top
24  (
25      .clk             (clk             ),
26      .rst_n           (rst_n           ),
27      .normal_rw       (normal_rw       ),
28      .normal_address (normal_address ),
29      .normal_data_in (normal_data_in ),
30      .normal_data_out(normal_data_out),
31      .BIST_start      (BIST_start      ),
32      .BIST_done       (BIST_done       ),
33      .pass            (pass            )
34  );
35
36  initial begin
37      clk=0;
38      forever #(PERIOD/2)
39      clk=~clk;
40  end
41  initial begin
42      rst_n=0;
43      repeat(5) @(negedge clk);
44      rst_n=1'b1;
45  end
46
47  initial begin
48      normal_rw      =0;
49      normal_address =0;
50      normal_data_in =0;
51      BIST_start     =0;
```

图7-41

```
52              #100
53              BIST_start =1;
54              #30000
55              $stop;
56      end
57
58      endmodule
```

图7-41 MBIST测试平台

最终，可通过工具进行模拟。图7-42为无故障波形图，从模拟波形中可以看出，经过两次内建自测试，pass信号始终为高电平，代表存储器内建自测试通过。如果人为插入故障，则从图7-43中可以看出，每轮测试时，pass信号在测试故障地址时均为低电平，可提示测试工程师存储器发生故障，实现了存储器内建自测试的目标。

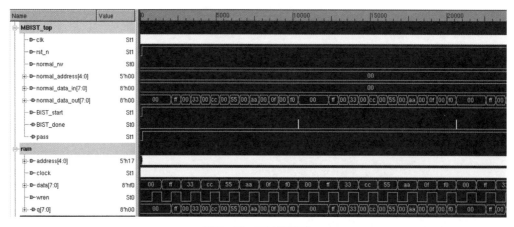

图7-42 无故障波形

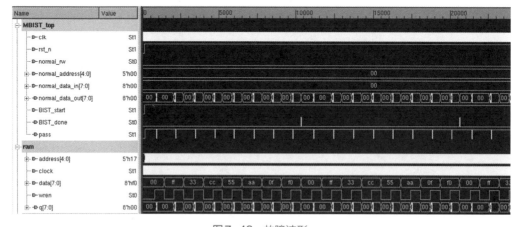

图7-43 故障波形

习题

1. 基于比特的存储器测试算法的March Y算法是

$$M0:\updownarrow(w0); \quad M1:\uparrow(r0, w1, r1); \quad M2:\downarrow(r1, w0, r0); \quad M3:\updownarrow(r0);$$

（1）假设存储器阵列为4行3列，左上角逻辑单元的地址为（0，0）。写出存储器无故障时，M0、M1、M2、M3、之后存储器内的信息内容。

M0之后　　　　　M1之后　　　　　M2之后　　　　　M3之后

（2）写出存储器具有下列故障时，M0、M1、M2、M3之后存储器内的信息内容。

① （2，1）单元固定1；

M0之后　　　　　M1之后　　　　　M2之后　　　　　M3之后

② （2，2）单元不可访问，即写不进，读时返回任意数X；

M0之后　　　　　M1之后　　　　　M2之后　　　　　M3之后

③ （1，1）单元地址被译码器译为（3，1）。

M0之后　　　　　M1之后　　　　　M2之后　　　　　M3之后

（3）该算法可以测试（2）中的哪些故障？对于可测故障，详细说明是在算法的哪一步，如何被测出的。

2. 基于比特的存储器测试算法的MATS+算法是

$$M0：\updownarrow (w0); \quad M1: \uparrow (r0, w1); \quad M2: \downarrow (r1, w0) ;$$

（1）假设存储器阵列为4行3列，左上角逻辑单元的地址为（0，0）。写出存储器无故障时，M0、M1、M2之后存储器内的信息内容。

M0之后　　　　　M1之后　　　　　M2之后

（2）写出存储器具有下列故障时，M0、M1、M2之后存储器内的信息内容。

① （2,1）单元固定1；

□ 　　□ 　　□

M0之后　　　　M1之后　　　　M2之后

② （2,2）单元不可访问，即写不进，读时返回任意数X；

□ 　　□ 　　□

M0之后　　　　M1之后　　　　M2之后

③ （1,1）单元地址被译码器译为（3,1）。

□ 　　□ 　　□

M0之后　　　　M1之后　　　　M2之后

（3）该算法可以测试（2）中的哪些故障？对于可测故障，详细说明是在算法的哪一步，如何被测出的。

3. 基于比特的存储器测试算法的MATS算法是

$$M0:\updownarrow(w0);\ M1:\uparrow(r0,w1);\ M2:\downarrow(r1);$$

（1）假设存储器阵列为4行3列，左上角逻辑单元的地址为（0,0）。写出存储器无故障时，M0、M1、M2之后存储器内的信息内容。

□ 　　□ 　　□

M0之后　　　　M1之后　　　　M2之后

（2）写出存储器具有下列故障时，M0、M1、M2之后存储器内的信息内容。

① （2,1）单元固定1；

□ 　　□ 　　□

M0之后　　　　M1之后　　　　M2之后

② （2,2）单元不可访问，即写不进，读时返回任意数X；

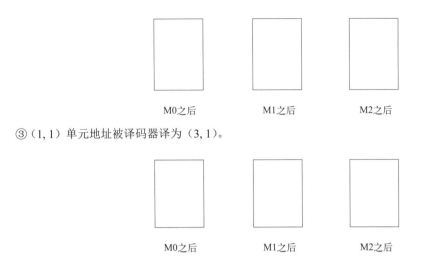

M0之后　　　　　M1之后　　　　　M2之后

③（1，1）单元地址被译码器译为（3，1）。

M0之后　　　　　M1之后　　　　　M2之后

（3）该算法可以测试（2）中的哪些故障？对于可测故障，详细说明是在算法的哪一步，如何被测出的。

4. 一个64bit×1 RAM存储器，请使用面向比特的MATS+算法，为其设计一个MBIST电路。用Verilog HDL实现该MBIST系统，并下载到开发板上验证及测试你的设计。接口设计可参考图7-44。

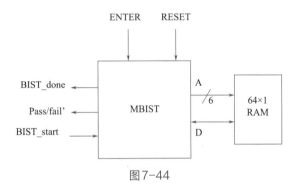

图7-44

5. 一个64Kb的RAM，每个测试向量施加时间为100ns，试分析以下几种存储器测试算法的测试时间。

（1）March B测试算法；

（2）GALPAT测试算法；

（3）MATS测试算法。

参考文献

[1] 布什内尔. 超大规模集成电路测试: 数字、存储器和混合信号系统. 北京: 电子工业出版社, 2015.

[2] 雷绍充, 邵志标, 梁峰. 超大规模集成电路测试. 北京: 电子工业出版社, 2008.

[3] 纳瓦比. 数字系统测试和可测试性设计. 贺海文, 唐威昀, 译. 北京: 机械工业出版社, 2015.

[4] 阿布拉莫维奇, 布鲁尔,弗里德曼. 数字系统测试和可测性设计(影印版). 北京: 清华大学出版社，2004.

[5] 韩雁, 韩晓霞, 张世峰. 模拟集成电路与数字集成电路设计工具实用教程. 北京:电子工业出版社, 2017.